Matthias Breiter

Bären am Fluss

Für Laurel, Aislyn und Kiri Anne,
die drei Frauen in meinem Leben.

Matthias Breiter

Bären am Fluss

Frederking & Thaler

»Was ist der Mensch ohne wilde Tiere? Verschwänden alle Tiere, würde er an der Einsamkeit der Seele sterben. Denn was immer den Tieren widerfährt, geschieht bald mit dem Menschen. Alle Dinge sind miteinander verbunden.«

Chief Seattle, Oberhaupt der Duwamish, Suquamish und angeschlossenen Indianerstämme, in einem Brief an den Präsidenten der Vereinigten Staaten, Franklin Pierce, im Jahre 1854.

Alpenglühen hüllt die Flanken des Mt. Katolinat in zartes Rosa und Violett.

Im Süden, fern am Horizont, thront Mt. Mageik. Zarte Rauchwolken stehen über den vergletscherten Flanken und deuten darauf hin, daß sein Feuer noch nicht erloschen ist. In diesem Teil der Welt sind sogar die Berge lebendig.

Gesichter und Stimmen der Wildnis: In der Krone eines Baumes am Fluß leuchtet das Haupt eines Weißkopfseeadlers wie frisch gefallener Schnee. Füchse spielen Haschen am Ufer, und an manchen Abenden unterbricht der Ruf eines Wolfes die Stille.

Tiefe Prankenabdrücke vereinen sich zu breiten Furchen. Ein dichtes Netz von ausgetretenen Pfaden durchzieht die umliegenden Wälder.

Etwa 600 Meter von der Mündung flußaufwärts,

hinter einer weiten Flußschleife,

hat sich der Brooks River in einen kleinen Hügel gegraben und so einen Aussichtspunkt geschaffen. Dort oben, einige Meter über dem Wasser, habe ich mich postiert.

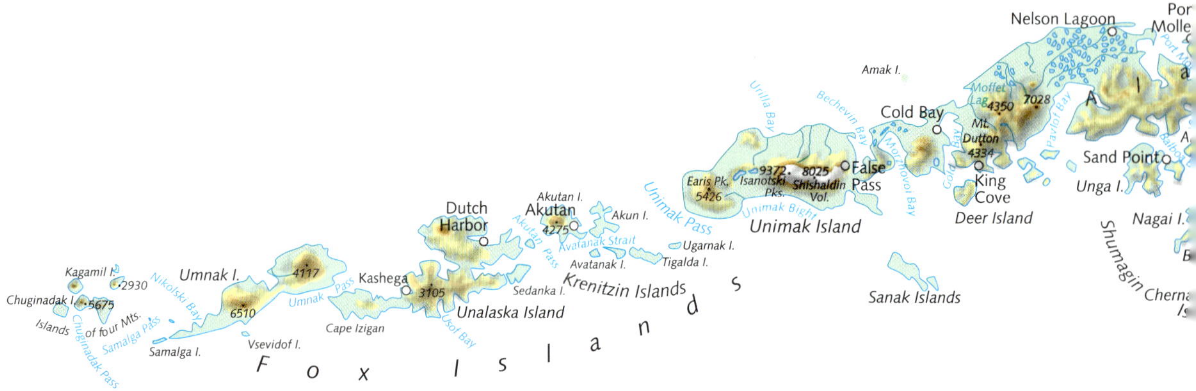

Der Brooks River ist nur einer von vielen kleinen Wasserläufen in der Region.

Dort erscheint jetzt

Gemächlich dahinströmendes Wasser trennt die Landzunge von einer kleinen, mit hohem Gras bewachsenen Insel mitten im Fluß.

ein Bär.

Die tiefstehende Sonne ist in seinem Rücken, und der Bär bewegt sich in einer Aura aus Licht.

Für wenige Augenblicke konzentriert sich meine Aufmerksamkeit auf das Spiel des Lichts und den Bären. Die restliche Welt ringsum existiert nur am Rande meines Bewußtseins, bis ein Geräusch wie Schritte im Sand mich aus meinen Gedanken reißt.

Naknek Lake liegt wie ein türkisfarbenes Tuch unter dem strahlendblauen Himmel. Jenseits des Sees erheben sich die schroffen Zinnen des Mt. Katolinat. Der erste Schnee bedeckt als löchriger weißer Mantel seine Hänge. Im Süden, fern am Horizont, thront Mt. Mageik. Der Vulkan schlummert. Zarte Rauchwolken stehen über den vergletscherten Flanken und deuten darauf hin, daß sein Feuer noch nicht erloschen ist. In diesem Teil der Welt sind sogar die Berge lebendig.

Der Wind hat vergangene Nacht gedreht. Er bläst jetzt aus Nordwest, und kalte Luftmassen haben die dichte Wolkendecke der letzten Tage über die Berge geschoben. Der Preis für das klare Wetter ist klirrender Frost. Es ist Spätherbst. Auf der Alaska Peninsula kann um diese Jahreszeit die Sonne auf ihrer niedrigen Bahn das Land nicht mehr erwärmen. In den Buchten wächst eine dünne, zerbrechliche Eisschicht vom Ufer in den See hinaus. Dick vermummt sitze ich allein, mit der Kamera auf den Knien, auf einer sandigen Landzunge an der Mündung des Brooks River. Die Birken am Fluß haben bereits ihr Laub verloren. Der Winter naht. Morgen werde ich mit dem Boot zurück nach King Salmon fahren. Es wird Zeit. Eis wird bald jede Fahrt über den riesigen, mehr als 50 Kilometer langen See zu einem gefährlichen Unterfangen machen. Wasserflugzeuge sind schon nicht mehr unterwegs. Letzte Nacht sank das Thermometer auf -15 °C. Ich genieße es, diesen letzten Nachmittag für mich zu haben.

Mit Greg, einem Freund, war ich zwei Wochen zuvor in seinem kleinen Skiff den tückischen See heraufgekommen. An manchen Tagen trennen sich unsere fotografischen Wege. Heute ist er den Fluß stromaufwärts gewandert, wohingegen ich mich am Unterlauf des Brooks River aufhalte.

Auf der Landkarte sucht man den Brooks River meist vergeblich. Er ist nur einer von vielen kleinen Wasserläufen in der Region. Seine Mündung ist keine hundert Meter breit, und sein Lauf erstreckt sich lediglich über knappe zwei Kilometer, vom Brooks bis zum Naknek Lake. Trotzdem zieht es mich jedes Jahr unwiderstehlich hierher. Die klaren, mineral- und sauerstoffreichen Bäche der Alaska Peninsula sind bedeutende Laichgründe für Blaurücken-

Wenige Meter hinter mir sitzt eine Bärin mit zwei Jungen.

Im Gegensatz zu mir scheint sich das gut 250 Kilo schwere Weibchen nicht im entferntesten unbehaglich zu fühlen.

lachse. Jeden Sommer erscheinen sie Anfang Juli in riesigen Schwärmen an der Mündung des Naknek River. Und wenige Tage später taucht die erste Vorhut am Brooks River auf. Abertausende von Fischen kämpfen gegen die Strömung an. Vor Stromschnellen stockt ihr Vormarsch. Während die ersten versuchen, das schäumende Wildwasser zu überwinden, rücken andere nach, und bald stehen die Lachse dicht gedrängt im Fluß. Fisch reiht sich an Fisch, und fast scheint es möglich, auf ihren Rücken trockenen Fußes ans gegenüberliegende Ufer zu gelangen.

Die Aussicht auf eine leicht zu ergatternde Mahlzeit lockt viele Tierarten an. Weißkopfseeadler sitzen in den Bäumen am Fluß. Sogar Wölfe wurden hier beim Lachsfang beobachtet. Meist müssen sie jedoch den Herrschern der Wildnis Alaskas weichen, den Braunbären. Zur Laichzeit teilen sich über vierzig Bären das Nahrungsdorado am Brooks River. Fische gibt es im Überfluß, und so wird die Futtersuche zum Schnellimbiß. Breite Bärenpfade durchziehen den Wald ringsum. Die Region verzeichnet weltweit einen der größten Bestände an Braunbären. Allein im Katmai National Park, in dem der Brooks River liegt, gibt es nahezu dreitausend. Im Vergleich mit Regionen, in denen die Bären keinen Zugang zu Lachsgründen haben und wo das Klima kälter ist, wie zum Beispiel im äußersten Norden Alaskas, ist die Populationsdichte hier bis zu 250mal höher. Im Juli kann man am Fluß mitunter fünfzehn Tiere gleichzeitig zu Gesicht bekommen. Aufgrund der eiweißreichen Nahrung erreichen die Bären hier enorme Maße; ein großes Männchen bringt bis zu 600 kg auf die Waage. Und diese Giganten der Tierwelt sind der Grund für meine alljährlichen Besuche am Brooks River.

Selbst jetzt, in den letzten Tagen des Herbstes, sind entlang dem Fluß noch Bären unterwegs. Bis auf ein paar Nachzügler ist die Wanderung der Blaurückenlachse zwar für dieses Jahr abgeschlossen, doch die Fische sterben nach dem Laichen, und so treiben halbtote und bereits verendete Tiere mit der Strömung den Brooks River hinab und werden ans Ufer gespült. Die Natur wartet zum zweiten Mal im Jahr mit einem üppigen Büfett für die Bären auf. Als ausgesprochene Opportunisten verschmähen sie solch leichte Beute nicht.

Für mich sind diese Wochen vor Einbruch des Winters der ruhige Abschluß eines hektischen Sommers, eine Zeit, um sich vom Trubel des Jahres zu erholen und Kraft für den langen Winter zu sammeln. Wildtierfotografie ist viel zu häufig eine Hatz auf der Suche nach dramatischen Bildern. Man wird dabei leicht zum distanzierten Betrachter. Hier habe ich noch die Möglichkeit, ein persönliches Verhältnis zu den Tieren zu entwickeln, sie als Individuen kennenzulernen.

Gemächlich dahinströmendes Wasser trennt die

Landzunge von einer kleinen, mit hohem Gras bewachsenen Insel mitten im Fluß. Dort erscheint jetzt ein halbwüchsiges Männchen. Die tiefstehende Sonne ist in seinem Rücken, und der Bär bewegt sich in einer Aura aus Licht. Ich werde diesen Ort vermissen.

Für wenige Augenblicke konzentriert sich meine Aufmerksamkeit auf das Spiel des Lichts und den Bären. Die restliche Welt ringsum existiert nur am Rande meines Bewußtseins, bis ein Geräusch wie Schritte im Sand mich aus meinen Gedanken reißt. In der Erwartung, Greg in meinem Rücken vorzufinden, werfe ich einen kurzen Blick über die Schulter. Von Greg ist allerdings nichts zu sehen. Statt dessen sitzt wenige Meter hinter mir eine Bärin mit zwei Jungen.

Bären faszinieren mich. Seit vielen Jahren beschäftige ich mich intensiv mit den Tieren. Aber meist aus etwas größerer Distanz. Jetzt würde ich liebend gerne einen Abstand wiederherstellen, der mir angemessen und beruhigend erscheint. Unglücklicherweise habe ich aber keine Rückzugsmöglichkeit, außer ich will mitsamt Kameraausrüstung hinüber zur Insel schwimmen, auf der sich noch immer der andere Bär befindet. Nicht daß ich Sorge hätte, die Bärin würde jeden Augenblick zum Angriff übergehen – offensichtlich sieht sie in mir ja keine Bedrohung, sonst wäre sie kaum so nahe herangekommen. Doch ihr Vertrauen in mich in Ehren, sollte sie aus irgendeinem Grund ihre Jungen in Gefahr sehen, kann sich ihr Verhalten schnell ändern. Dabei muß die Aggression nicht einmal gegen mich gerichtet sein. Ich kann ebensogut einfach im Weg sein.

Im Gegensatz zu mir scheint sich das gut 250 Kilo schwere Weibchen nicht im entferntesten unbehaglich zu fühlen. Ohne mich eines Blickes zu würdigen, kehrt sie mir den Rücken zu und starrt hinaus aufs Wasser. Ein Baumstumpf würde bei ihr die gleiche Aufmerksamkeit erregen. Die zehn Monate alten Jungen strahlen nicht dieselbe Gelassenheit aus. Sie drängen sich eng an sie und suchen Körperkontakt. Ihre Köpfe sind ständig in Bewegung. Ab und zu werfen sie mir einen mißtrauischen Blick zu, in erster Linie gilt ihr Interesse allerdings dem Männchen auf der Grasinsel. Ihre Nervosität steht weniger mit mir als vielmehr mit dem anderen Bären in Zusammenhang.

Plötzlich richtet sich die Bärin zu ihrer vollen Größe auf. Für einen Augenblick steht sie bewegungslos auf ihren Hinterbeinen am Flußufer. Dann watet sie langsam ins Wasser hinaus; ihre Augen sind auf einen Punkt zehn Meter vor ihr fixiert. Ich nutze die für mich günstige Gelegenheit, packe meine Kameraausrüstung und gehe vorsichtig hinter den Jungen vorbei hinüber zum Rand der Bäume. Mit jedem Schritt beruhigt sich mein Puls. Eine weitere Geschichte für den Stammtisch, die nur im nachhinein unterhaltsam ist. Als ich mich umwende, sehe ich noch, wie die Bärin mit einem Lachs im Maul zurück zum Ufer schwimmt, wo ihre laut bettelnde Nachkommenschaft auf sie wartet.

So geistert in den Köpfen vieler das Zerrbild eines Tieres herum, das nur dem Äußeren nach einem Bären ähnelt. **Der Rest ist eine wilde Symbiose aus Teilwahrheiten, gewürzt mit einer kräftigen Prise Phantasie.**

Bären sind einfach Bären, keine Kuscheltiere, aber genausowenig Monster.

Manche Überzeugungen, mögen sie auch wider alle Vernunft sein, sind so tief in unserem Denken verwurzelt, daß sie einem kulturgeschichtlichen Erbe gleichkommen. So geistert in den Köpfen vieler das Zerrbild eines Tieres herum, das nur dem Äußeren nach einem Bären ähnelt. Der Rest ist eine wilde Symbiose aus Teilwahrheiten, gewürzt mit einer kräftigen Prise Phantasie. Braunbären sind als unberechenbar verschrien. Und der Ruf eines menschenmordenden Killers eilt dem Grizzly auf seinen Streifzügen durch abgelegene Hochgebirgsregionen in den amerikanischen Rockies voraus. Eine tiefe Kluft trennt Wirklichkeit und Mythos, die um so ausgeprägter ist, je weiter man sich vom verbliebenen Verbreitungsgebiet der Tiere

entfernt. Die Sensationspresse hat ihren Teil dazu beigetragen, daß die Furcht vor Bären nicht erlischt. Eine harmlose Begegnung mit den Tieren ist keine Zeile wert, und so entsteht der Eindruck, daß über jeder Begegnung von Mensch und Bär Freund Sensenmann in Wartestellung schwebt. Wäre die Bärin auch nur im entferntesten daran interessiert gewesen, ihrem Ruf gerecht zu werden, hätte ich bestenfalls noch die Gelegenheit bekommen, die Qualität der örtlichen Krankenhausversorgung auf Herz und Nieren zu prüfen. So hatte lediglich mein Nervenkostüm Schaden erlitten, und ich war um die Erfahrung reicher, daß trotz besseren Wissens auch in mir noch immer die jahrzehntelange Konditionierung schlummert und sich in »Extremsituationen« bemerkbar macht. Zu häufig mußten Bären ihr Leben lassen, weil angeborene Neugier als Aggressivität ausgelegt wurde. Wie hätte ich reagiert, wenn die Bärin noch näher gekommen wäre und sich eine Waffe in meiner Hand befunden hätte? Furcht ist ein schlechter Ratgeber, falsche Zuversicht und Sorglosigkeit sind allerdings keine besseren. Den Mantel der Vorsicht völlig abzulegen kann sich am Ende als ebenso fatal erweisen. Bären sind einfach Bären, keine Kuscheltiere, aber genausowenig Monster, sondern beeindruckende Bewohner der Wildnis, die unseren Respekt verlangen. Angst kann sich nur in Respekt umwandeln, wenn Verständnis an die Stelle der Ignoranz tritt. Man fürchtet das Unbekannte. Doch eine generelle Entfremdung von der Natur plagt unsere moderne Industriegesellschaft. Inzwischen verspüren wir den Drang, den Kontakt mit der Umwelt wiederherzustellen. Bären werden betäubt und mit Radiohalsbändern ausgestattet, damit man ihre Wanderungen am Computerbildschirm verfolgen kann. Auf der gleichen Wellenlänge scheinen wir uns trotz allem – oder vielleicht gerade deshalb – nicht zu bewegen.

Unser gestörtes Verhältnis zu Bären ist symptomatisch für eine Gesellschaft, die in der Umwelt in erster Linie eine Ressource sieht, die es zu nutzen gilt, und sei es nur für den Tourismus. Und es steht im starken Kontrast zur Hochachtung, die viele Naturvölker den Bären entgegenbrachten oder noch heute entgegenbringen. Generell betrachten Jäger- und Sammlerkulturen Tiere als ebenbürtige Wesen, denen man menschliche oder auch übermenschliche Eigenschaften und Fähigkeiten zuspricht. Dem Bären wurde dort, wo er verbreitet war, eine besondere Verehrung zuteil. Aufgrund seiner abwechslungsreichen Ernährung, seiner Fähigkeit, auf zwei Beinen zu laufen, und des Umstands, daß der abgehäutete Körper eines

Bären dem einer Person verblüffend ähnelt, betrachtete man ihn als das tierische Pendant zum Menschen oder als ein Bindeglied zwischen den Welten. So bezeichnen zum Beispiel noch heute die den alten Traditionen verbundenen Tlingit an Alaskas Südostküste den Braunbären als halbmenschlich. Die Ojibwa nennen sowohl Bären als auch Indianer *anijinabe*.

In der Sprache der Schwarzfußindianer bezieht sich der Begriff *o-kits-kits* sowohl auf die Hand des Menschen als auch auf die Bärentatze. Und die Inuit sprechen den Tieren die Fähigkeit zu, ihr Fell abzulegen und sich in Menschen zu verwandeln. In einer ihrer Elfenbeinschnitzereien sitzen Bär und Mensch Rücken an Rücken. Die Körper verschmelzen und werden eins. Die Person scheint zu singen. Möglicherweise singt auch der Bär.

Daß nicht allein die Ureinwohner Nordamerikas den Bären verehren, zeigen Höhlenzeichnungen aus Europa. Die ältesten wurden vor 35 000 Jahren in den Fels geritzt. In Péchialet in der Dordogne sind zwei Männer abgebildet, die mit einem Bären tanzen. Als schließlich die Jäger- und Sammlerkultur von der Agrargesellschaft abgelöst wurde, veränderte sich die Einstellung der Menschen gegenüber den Bären. Mit Viehwirtschaft und Ackerbau entstand eine Schwarzweißsicht der Umwelt. Man spricht nunmehr von Nutzpflanzen und Unkräutern. Tiere, die weder der Wirtschaft noch der Erbauung des Menschen dienen, fallen in die Kategorien Ungeziefer und Schädlinge. Hierzu zählen insbesondere Arten, die Haustiere als willkommene Beute oder Felder als einen gedeckten Tisch betrachten. Die Karriere des Bären in der Welt des Menschen war somit vorprogrammiert.

Aus dem unvermeidlichen Konflikt konnte er nur als Verlierer hervorgehen. Verehrung wandelte sich in Abneigung, wenn nicht gar unverhohlenen Haß. Man verteufelte die Tiere, um sich eine moralische Rechtfertigung für ihre gnadenlose Verfolgung und Ausrottung zu schaffen. Mit dem Imageverlust hätte der Bär leben können, doch der zerstörerischen Erfindungsgabe des Menschen, die insbesondere dann ihr Potential voll entfaltet, wenn es darum geht, einen Feind oder ein Hindernis aus dem Weg zu räumen, hatte er wenig entgegenzusetzen. Von Selbstherrlichkeit durchdrungen und überzeugt, sich und andere schützen zu müssen, hetzten die Menschen Hundemeuten auf die Tiere, durchbohrten sie mit Lanzen und Pfeilen, vergifteten sie mit ausgelegten Ködern und durchsiebten ihre Körper mit Kugeln aus Musketen, Pistolen und Gewehren. An der amerikanischen »Frontier« waren Männer wie David Crokett oder William Cody nicht als Schlächter verrufen, sondern wurden als Helden gefeiert. Und der Mensch war nie damit zufrieden, den Bären nur zu vernichten. Bären wurden zur Schau gestellt, in Käfige gesteckt zur Belustigung der Öffentlichkeit. Zur Zeit Neros ließen in einer Veranstaltung 400 Braunbären und 300 Löwen ihr Leben, niedergemetzelt von der römischen Kavallerie.

Trotz allem ist es uns bisher nicht gelungen, den Braunbären auszurotten. Weltweit gibt es noch etwa 125 000 bis 150 000 Tiere, die meisten hiervon in der Weite Rußlands. Dort sind die Zahlen allerdings weiterhin rückläufig. In Westeuropa halten sich einige wenige Bären in Spanien, Italien und auf dem Balkan. In Norwegen und Schweden beginnen sich die Bestände wieder zu erholen, nachdem sie um 1930 auf 130 Tiere gesunken waren.

Heute wandern hier wieder 700 Individuen durch die Wälder und über die Tundra. Die Braunbärenpopulation in Nordamerika wird auf 50 000 geschätzt, davon allein über 30 000 in Alaska. In den USA südlich der kanadischen Grenze leben nur noch 1 000 Braunbären. 95 % ihres ursprünglichen Verbreitungsgebietes haben sie verloren. Die Tage, in denen die Tiere noch durch die Sierra Nevada in Kalifornien, die Cascades in Oregon oder die Rocky Mountains in Colorado strichen, gehören der Vergangenheit an. Und auch in der einstigen Prärie ist für sie kein Platz mehr.

Durch strenge Jagdgesetze sind die Braunbärenpopulationen in Amerika heute verhältnismäßig stabil. In den letzten Jahrzehnten sind sogar mehrere Gebiete, die noch größere Bestände der Tiere aufweisen, unter Schutz gestellt worden. Einige von ihnen haben sich zu Touristenmagneten entwickelt. Wenn wachsende Popularität auch einen Rattenschwanz an Problemen nach sich zieht, so gibt sie doch Anlaß zu Hoffnung. Solange man durch freiwillige oder erzwungene Selbstbeschränkung verhindert, daß Orte wie Brooks River zu Tode geliebt werden, geben sie uns die Möglichkeit, eine neue Beziehung zu den Tieren aufzubauen. Und diese Naturparadiese, in denen der Schutz der Bären vor den Interessen des Menschen steht, zeigen uns, daß bei korrektem Verhalten und Respekt vor den Tieren ein Zusammenleben möglich ist. Die mit der Verwaltung dieser Gebiete betrauten Behörden haben zweifelsohne dazu beigetragen, daß trotz hoher Besucherzahlen bisher weder Bär noch Mensch Schaden davongetragen hat. Angesichts der zum Teil haarsträubenden Verhaltensweisen mancher Touristen kommt man aber nicht umhin festzustellen, daß der Dank für die friedliche Koexistenz in erster Linie den Bären gebührt.

Der Lachs, den die Bärin zurück zum Ufer gebracht hat, ist schnell verschwunden. Außer ein paar Gräten und dem Kopf bleibt nichts zurück. Wenig später liegen die Jungen, von Müdigkeit übermannt, eng an die Mutter geschmiegt, schlafend im Sand. Das Weibchen hat sich eine kleine Kuhle gegraben und döst, die Nase zwischen den Tatzen verborgen. Nur gelegentlich hebt sie den Kopf und schaut kurz prüfend in die Runde. Ich werfe noch einen letzten Blick auf die Familienidylle, drehe mich dann um und gehe zurück zum Camp. Die Sonne wird bald hinter den Bäumen verschwinden. Die Kälte raubt mir die Energie. Es wird Zeit, Abendessen zu kochen und verbrauchte Kalorien zu ersetzen. Im

letzten Licht der Abenddämmerung stehe ich schließlich mit einer heißen Tasse Tee neben dem Zelt. Alpenglühen hüllt die Berge jenseits des Sees in zartes Rot und Violett. Unten am Ufer läuft ein Bär gemächlich am Wasser entlang. Seine Tatzen graben sich tief in den weichen Sand. Sollte diese Welt eines Tages zu ihrem Ende kommen, so hoffe ich, daß sich unter den Fußspuren der letzten Menschen auch die gewaltigen Prankenabdrücke der Braunbären finden werden. Und wer weiß, sollten wir in der Lage sein, uns mit den Bären zu arrangieren, besteht vielleicht auch die Möglichkeit, daß wir lernen, mit unseren eigenen Artgenossen friedlich auszukommen. In erster Linie braucht es guten Willen, Toleranz und Verständnis für ihre Wesensart und Bedürfnisse.

Zwei dunkle,

nasse Fellknäuel

drängen sich so eng
an die Mutter, daß sie
ihr ständig zwischen
die Beine geraten.
Neues Jahr, neues Glück.

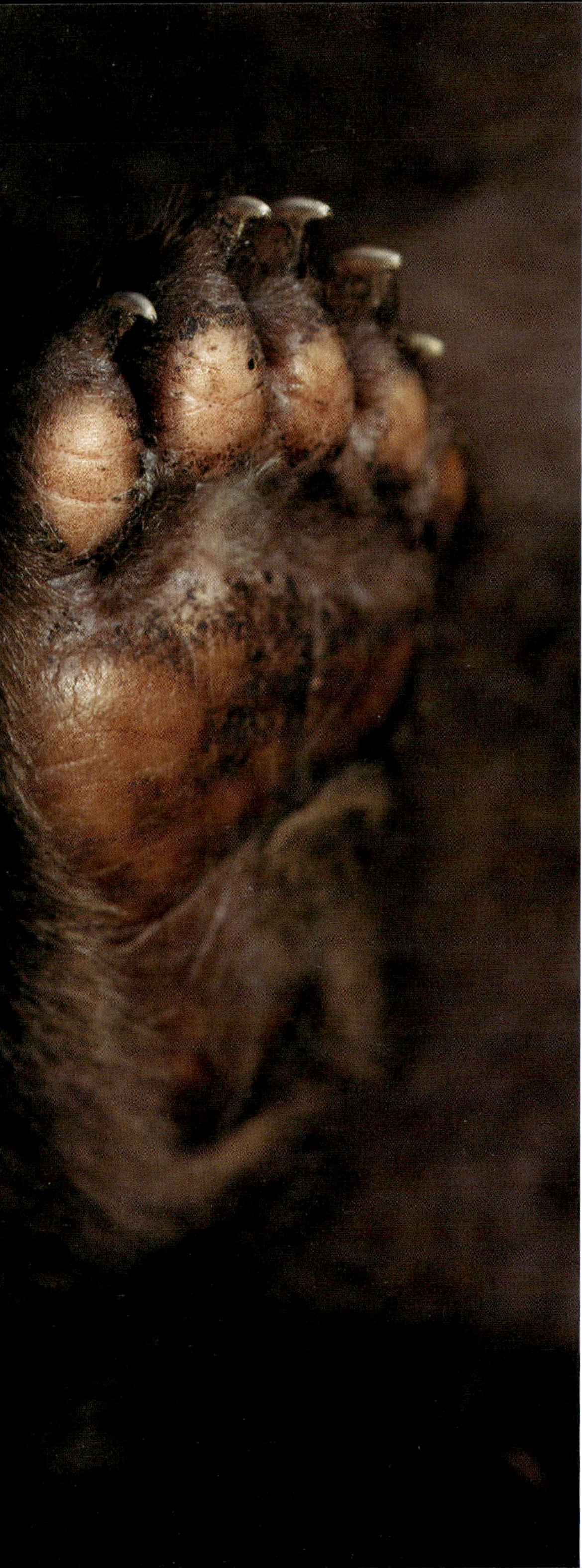

Der Erfinder des synthetischen Kautschukersatzes sei gepriesen! Meine gummierte Jacke hält den Regen draußen und den Schweiß drinnen. Lieber feuchtwarm als pitschnaß und kalt. Es ist ein typischer Tag auf der Alaska Peninsula Ende Juni. Sturmböen peitschen in waagerechten Schlieren eine himmlische Sintflut über das Land. Von der Kapuze ergießen sich kleine Sturzbäche – mein privater Wasserfall. Ein kurzer Blick auf die in Plastiktüten verpackte Kameraausrüstung überzeugt mich endgültig: Nächstes Jahr fahre ich zum Fotografieren in die Wüste Zentralaustraliens. Die Berge auf der anderen Seite des Naknek Lake sind kaum zu erahnen. Schaumkronen verleihen dem See das Erscheinungsbild eines Meeres. Kein Tag, um mit dem Boot unterwegs zu sein. Kein Tag, um irgend etwas zu unternehmen, zumindest nicht an der frischen Luft, die heute auch nur unter Vorbehalt als gesund bezeichnet werden kann. Die Sommer in dieser nördlichen Ecke der Welt sind im Grunde herrlich: endlose Tage, unterbrochen von kurzen Dämmerperioden. Nahe dem Golf von Alaska und an der Beringsee haben sie nur einen Nachteil: Häufig prasselt es heftig von oben. Sonnenanbeter kommen nicht auf ihre Kosten.

So plötzlich, wie der Regen angefangen hat, so unvermittelt endet er wieder. Zwischen zerzausten Wolkenfetzen verlieren sich einige Flecken tiefblauen Himmels. Die leichte Wetterbesserung hat eine erstaunliche Wirkung auf das Gemüt. Der schlummernde Optimismus ist wiedererwacht. Vielleicht bekomme ich heute doch noch Gelegenheit, einige Zentimeter Film zu belichten.

Seinem Ruf als Bärenparadies wird der Brooks River momentan nur beschränkt gerecht. Die Lachszeit steckt noch in ihrer Frühphase. Einige Fische haben sich bereits in den Fluß verirrt, ihnen nachzustellen wäre aber Energieverschwendung. Das Ergebnis stünde in kei-

Die Jungen sind, wenn sie zur Welt kommen, fast nackt, blind und winzig klein. Von der Nasenspitze bis zum kaum vorhandenen Schwanz messen sie lediglich 20-23 Zentimeter und wiegen 400-500 Gramm.

Von allen höheren Säugetieren gebären Bären den kleinsten Nachwuchs im Verhältnis zum Körpergewicht des Muttertieres.

nem Verhältnis zum Aufwand. Also halten sich die Bären bisher zurück. Ab und an taucht einer am Fluß auf, steckt den Kopf ins Wasser, schaut sich die Leere unter der Oberfläche kurz an und verschwindet dann wieder. Blumen, Gräser und Wurzeln bestimmen zur Zeit den Speisezettel. Vitaminreich, aber kalorienarm. Den ausgemergelten Körpern können sie keine neuen Rundungen verpassen. Im Gegenteil, das Frühjahr ist für die Bären eine Zeit, in der man mit vollem Magen verhungern kann. Obwohl in der Diät der Tiere Pflanzen eine große Rolle spielen – in vielen Regionen nimmt die vegetarische Komponente über 80 % des Gesamternährungsplans ein –, ist ihr Verdauungstrakt im Gegensatz zu dem der Rinder und Schafe nicht in der Lage, Zellulose, die Grundbausubstanz der Flora, zu verwerten. Als wählerischer Esser kann der Bär wieder etwas Boden gutmachen. Nur was tun, wenn im Frühjahr alle zur Wahl stehenden Futterquellen viel Zellulose und wenig sonst zu bieten haben? Um so mehr sehnen die Tiere die Zeit des Überflusses während der Lachswanderung herbei. Man kann förmlich ihre Enttäuschung sehen, wenn jede Flußinspektion zum gleichen negativen Ergebnis führt.

Hartnäckigkeit findet ihren Lohn. Männchen folgen paarungsbereiten Weibchen zum Teil über eine Woche, bevor sie schließlich erhört werden.

Der Wildtierfotograf gilt als Ausbund an Geduld. Treffender wäre allerdings der Begriff »hartnäckig«. Ich zumindest kann momentan nicht von mir behaupten, ruhig der Entwicklung der Dinge zu harren. Ein paar nasse Socken als einziges greifbares Resultat einer stundenlangen Wasserresistenzprüfung sind mager. Doch meine Ausdauer wird in diesem Augenblick belohnt. Der letzte Schauer ist kaum vorübergezogen, als hundert Meter flußaufwärts am Rand des Waldes ein Bär erscheint und durchs tiefe Gras zum Fluß läuft.

Man kann Bären nicht über Jahre beobachten, ohne ein persönliches Verhältnis zu ihnen zu entwickeln. Und so werden einzelne Individuen früher oder später unweigerlich mit einem Namen versehen. Obwohl acht Monate vergangen sind, seit ich sie zuletzt gesehen habe, erkenne ich Chowmane sofort wieder. Ihre leicht aufwärtsgebogene Stupsnase gibt ihrem Gesicht eine unverwechselbare Note.

Vor sieben Jahren erschien Chowmane als wenige Kilogramm schwerer Winzling mit ihrer Mutter Goatee zum ersten Mal am Brooks River. Seitdem hat sie jedes Jahr den Sommer und Herbst hier verbracht. Menschen gegenüber hat sich Chowmane von klein auf nonchalant gegeben. Meist ignorierte sie die seltsamen Zweibeiner; Aggressivität hat nie zu ihrem Verhaltensrepertoire gehört. Die Jungen lernen von ihren Müttern, und Goatee ließ sich von keinem noch so aufdringlichen Angler aus der Ruhe bringen. Als Chowmane schließlich auf eigenen Füßen stand, schien sie in den ersten paar Jahren die Nähe der Menschen zu suchen. Womöglich fühlte sie sich in ihrer Gegenwart sicherer. Brooks Camp ist im Winter geschlossen. Als vor ein paar Jahren im Mai die ersten Parkangestellten zum Frühjahrsputz eintrafen, wurden sie von Chowmane begrüßt, die zu ihrer Verblüffung über den noch zugefrorenen See auf sie zuraste und begeistert Luftsprünge vollführte.

Inzwischen ist ihr Temperament etwas abgekühlt. Aus Chowmane ist eine ausgewachsene, unabhängige Bärin geworden, die Menschen weder meidet, noch sich um deren Gesellschaft bemüht. Vorletzten Sommer, als sie fünf Jahre alt war, erschien sie mit ihren eigenen Jungen am Fluß. Wie sich zeigte, will die Aufzucht von Nachwuchs gelernt sein. Als Mutter versagte Chowmane völlig. Ihre Unerfahrenheit und ein extrem schlechtes Lachsjahr arbeiteten gegen sie und ihre zwei Rangen. Im Herbst verschwanden beide Jungen. Von der Mutter aufgegeben, sind sie entweder verhungert oder einem anderen Tier zum Opfer gefallen. Die Natur ist grausam. Aber Chowmane war gezwungen, die Kleinen sich selbst zu überlassen, sonst hätte auch ihr Überleben in Frage gestanden. Stark abgemagert, wie sie war, sah es schlecht um sie aus. Sechs lange Monate Winterruhe lagen vor ihr,

Für den Moment ist ihre Welt auf wenige Quadratmeter zusammengeschrumpft.

Ein Ringkampf tobt,

und jeder ist vollauf damit beschäftigt, dem Geschwisterchen die Ohren zu zausen.

Ein Weibchen mit Jungen benötigt bis zu

20 000 Kilokalorien am Tag,

um den Nachwuchs großzuziehen und zusätzlich Fett für den nächsten Winter anzulegen.

in denen ein Bär bis zu 30% seines Körpergewichts verliert, eine Bärin mit Nachwuchs sogar bis zu 40%. Wie die benötigten Fettreserven aufbauen, wenn der eigene Nachwuchs ständig sein Recht fordert? Letztes Jahr im Oktober war Chowmane kaum wiederzuerkennen. Wohlgenährt und kugelrund, mußte sie ihr Gewicht im Vergleich zum Vorjahr fast verdoppelt haben. Nach meiner Schätzung wog sie über 300 Kilo. Den Rekord für die stärkste Gewichtszunahme eines ausgewachsenen Tieres innerhalb eines Jahres hält allerdings eine 17 Jahre alte Eisbärin aus der kanadischen Arktis. Als sie im November betäubt und vermessen wurde, brachte sie 99 Kilo auf die Waage. Im darauffolgenden Juli fing man sie erneut. Die Gewichtsbestimmung erwies sich diesmal aufgrund der Masse der Bärin als ungleich schwieriger. Sie wog nun 410 Kilo.

Im hohen Gras läßt sich Chowmanes augenblicklicher Familienstand nicht erkennen. Aber als sie das Wasser erreicht, kann kein Zweifel mehr bestehen: Zwei dunkle, nasse Fellknäuel drängen sich so eng an die Mutter, daß sie ihr ständig zwischen die Beine geraten. Neues Jahr, neues Glück.

Überraschend kommt Chowmanes neuer Nachwuchs nicht. Ich hatte damit gerechnet. Ihre herbstliche Fülle ließ darauf schließen. Bären haben eine aus menschlicher Sicht etwas ungewöhnliche Fortpflanzungsbiologie. Geschlechtsreife Weibchen ohne Anhang paaren sich im Frühsommer. Würde nun die Entwicklung des Embryos wie bei den meisten Säugern verlaufen, kämen die Jungen zu einem äußerst ungünstigen Zeitpunkt, Anfang des Winters, zur Welt. Um dies zu vermeiden, scheint die Paarung zu einem späteren Zeitpunkt naheliegend. Doch die Winterruhe der Bären läßt diesen Paarungstermin nicht zu. Die Tiere müßten im November auf Partnersuche gehen, einem Zeitpunkt, zu dem sie sich bereits in die Unbequemlichkeit ihrer Höhle zurückgezogen haben. Doch die Natur findet immer eine Lösung. Nach der Paarung der Bären entwickelt sich wie bei jedem Säuger die befruchtete Keimzelle bis zum Stadium einer ein bis zwei Millimeter großen Blastozyste. Zur anschließenden Einnistung des Embryos in die Uteruswand kommt es jedoch nicht. Statt dessen wird die Weiterentwicklung unterbrochen, ein Phänomen, das als embryonale Diapause bezeichnet wird. Die Nidation erfolgt dann erst im November. War die Bärin in der Lage, sich über den Sommer hinweg ein gutes Fettpolster anzulegen, schreitet nun die Entwicklung der Embryonen ohne Verzögerung fort, und Ende Januar/Anfang Februar kommen die meist ein bis drei Jungen zur Welt. Reichen die körperlichen Reserven des Muttertieres hingegen nicht aus, um sowohl das Weibchen als auch ihren Nachwuchs bis zum Frühjahr zu versorgen, bricht die Schwangerschaft ab.

Nun ist ein mittwinterlicher Geburtstermin ebenfalls mit etlichen Problemen behaftet. Nur, die Bären haben keine Wahl; die Winterruhe bestimmt jeden Aspekt der Entwicklung des Nachwuchses, von der Paarung bis zur Geburt.

Die Jungen sind, wenn sie zur Welt kommen, fast

nackt, blind und winzig klein. Von der Nasenspitze bis zum kaum vorhandenen Schwanz messen sie lediglich 20–23 Zentimeter und wiegen 400–500 Gramm. Von allen höheren Säugetieren gebären Bären den kleinsten Nachwuchs im Verhältnis zum Körpergewicht des Muttertieres. Eine Bärin wiegt 300- bis 500mal soviel wie ihre neugeborenen Jungen. Auf uns Menschen übertragen würde dies einem Geburtsgewicht von 90–150 Gramm entsprechen. Die Niederkunft wäre dadurch erheblich unkomplizierter, aber auch die modernsten Errungenschaften der Medizin könnten eine solche Frühgeburt nicht retten. Für Bärenjungen ist es der normale Ablauf der Dinge.

Fastet ein Säugetier, wird der Energiebedarf weitgehend von Reservefett abgedeckt. Im Winterschlaf ist dies nicht anders. Da die Schwangerschaft der Bären während dieser physiologischen Ruhephase ablaufen muß, damit die Jungen den gesamten Sommer und Herbst über wachsen und sich für den folgenden Winter Speck anfressen können, ergibt sich hieraus ein Problem: Der Fötus im Mutterleib eines Säugetieres ist nicht in der Lage, freie Fettsäuren zu verwerten. Ausreichend Nahrung für die ungeborenen Jungen kann die Bärin daher nur durch Umsetzung von Eiweiß, sprich Muskelmasse, bereitstellen. Dies würde auf Dauer unweigerlich das Leben der Bärin gefährden. So werden die Jungen in einem Frühstadium geboren und im folgenden mit der Muttermilch ernährt. Die Milch enthält bis zu 40% Fett, das die Jungen nach der Geburt mittels der normalen Verdauung problemlos in Energie und Wachstum umsetzen können. Und wachsen tun sie! In den ersten Monaten legen sie gewaltig an Masse zu. So werden aus den rosa Würmchen bis Mitte Mai, wenn sie zum ersten Mal die weite Welt außerhalb der Höhle erforschen, fünf bis sechs Kilo schwere, übermütige kleine Bären.

Ab und an taucht einer am Fluß auf, steckt den Kopf ins Wasser, schaut sich die Leere unter der Oberfläche kurz an und verschwindet dann wieder.

Auch Chowmanes Nachwuchs ist in dieser Hinsicht keine Ausnahme. Die Kleinen schauen quicklebendig zwischen den Beinen der Mutter hervor und studieren aufmerksam die ungewohnte Umgebung. Nach dem Regenguß sehen sie aus, als wären sie soeben nach dem Schleudergang aus einer Waschmaschine gefallen. Ihr dunkles Fell ist völlig zerzaust. Chowmane wirft mir einen kurzen Blick zu und watet, ihren Nachwuchs am Ufer zurücklassend, hinaus ins Wasser. Die Jungen scheinen dies zunächst nicht zu bemerken. Für den Moment ist ihre Welt auf wenige Quadratmeter zusammengeschrumpft. Ein Ringkampf tobt, und jeder ist vollauf damit beschäftigt, dem Geschwisterchen die Ohren zu zausen. Mit

sichtlichem Vergnügen zerren sie einander am Fell. Doch dann, ganz plötzlich, hat die Rauferei ein Ende. Die Umwelt nimmt wieder Konturen an und mit ihr die Erkenntnis, daß in ihr ein wichtiges Element fehlt. Mit der visuellen Identifizierung der Mutter scheint es zu hapern. Obwohl Chowmane kaum 20 Meter entfernt ist, macht sich Nervosität breit. Die Kleinen richten sich auf, spähen in alle Richtungen und geben ein kurzes, klagendes Bellen von sich. Chowmane reagiert ohne Zögern. Sie schwimmt sofort zurück zum Ufer, wo ihr Näherkommen aber wider Erwarten keinen Sturm der Begeisterung auslöst, sondern einen Anflug milder Panik. Die Jungen verschwinden verschreckt im hohen Gras. Sekunden später erscheinen einige Meter entfernt ihre Köpfe über den grünen Halmen. Angestrengt spähen sie in Chowmanes Richtung, noch immer unsicher, ob sie eine Bedrohung oder Schutz darstellt. Erst als die Mutter laut schnaubt und mit ihren Kiefern ein klickendes Geräusch von sich gibt, beruhigen sie sich und kehren zurück. Eine weitere Krise in ihrem jungen Leben ist bewältigt.

Tiere, die ihren Nachwuchs in relativer Isolation aufziehen, sind häufig nur beschränkt fähig, ihre Jungen von anderen, fremden zu unterscheiden. Dasselbe gilt offensichtlich auch umgekehrt für das Vermögen der Bärenjunioren und -juniorinnen, ihre Mutter zu erkennen. So wurde an Lachsströmen wiederholt beobachtet, daß sich beim Zusammentreffen mehrerer Familiengruppen am selben Flußabschnitt Jungtiere dem falschen Weibchen anschlossen, meist nur für einige Stunden, doch manchmal auch permanent. Fälle von Adoption sind bekannt. Einmal wurde eine Bärin mit Jungen verschiedenen Alters beobachtet, die keinesfalls beide von ihr sein konnten. Die Adoptivmutter scheint generell keine Probleme mit dem Zuwachs beziehungsweise dem Austausch von

Familienmitgliedern zu haben, solange sich das fremde Junge ruhig verhält. Wird es nervös und ruft ängstlich nach der leiblichen Mutter, kann sich vorherige Akzeptanz in tödliche Intoleranz verwandeln. Beobachtet man Bären lange genug, wird eines immer deutlicher: Jede These wird irgendwann widerlegt. Alles ist möglich.

Chowmanes Besuch am Fluß ist nur von kurzer Dauer. Die wiedervereinte Familie verschwindet wenig später im Wald. Ohne Fische ist der Brooks River noch keinen längeren Aufenthalt wert. Aufnahmen habe ich keine gemacht, aber ich werde noch ausreichend Gelegenheit dazu haben. Chowmane wird zurückkehren. Ein Weibchen mit Jungen benötigt bis zu 20000 Kilokalorien am Tag, um den Nachwuchs großzuziehen und zusätzlich Fett für den nächsten Winter anzulegen. Eine Nahrungsquelle wie den Brooks River während der Lachswanderung auszulassen kann sie sich nicht leisten. Mir tut es gut, eine alte Bekannte wieder getroffen zu haben. Ich hoffe nur, ihr Versuch, Nachwuchs aufzuziehen, ist diesmal von Erfolg gekrönt.

Nachtrag: Zehn Tage später, frühmorgens, wurde ein totes Bärenjunges vergraben am Ufer des Naknek Lake gefunden. Nur die Tatze ragte aus dem Sand. In der Nacht war das kaum sechs Monate alte Tier einem anderen Bären zum Opfer gefallen. Es hatte zu Chowmanes Wurf gehört. Für einige Wochen blieb diese anschließend verschwunden. Als sie wieder am Fluß erschien, war sie allein. Manche Wünsche erfüllen sich nicht.

Von hoher Warte beobachtet eines von Chowmanes Jungen das Geschehen ringsum. Bei Gefahr senden Bärinnen ihren Nachwuchs häufig hinauf in die Sicherheit der Baumkronen. Ausgewachsene Tiere sind aufgrund ihrer Masse zu Kletteraktionen kaum oder überhaupt nicht fähig.

Chowmanes drittem Wurf erging es kaum besser als den vorangegangenen. Ende August verschwand sie und überließ die Jungen sich selbst. Ihre drei Bälger suchten fortan alleine das Flußufer nach Nahrung ab. Zum Schlafen betteten sie sich unter Bäume, um bei Gefahr sofort die Flucht nach oben antreten zu können.

Jenseits des Flusses zeigt sich

ein Bär.

Schemenhaft steht er im hohen Gras. Der Nebel schluckt jedes Geräusch, so daß der Eindruck entsteht, das Tier sei in eine Wolke des Schweigens gehüllt.

Die Sonne steht als gelbe Scheibe über dem östlichen Horizont. Zarte Dunstschleier liegen auf dem Wasser und verhüllen die Ufer des Brooks River. Außer dem gelegentlichen Jammern einer Möwe und dem sanften Rauschen des Wassers ist kein Laut zu hören. Jenseits des Flusses zeigt sich ein Bär. Schemenhaft steht er im hohen Gras. Der Nebel schluckt jedes Geräusch, so daß der Eindruck entsteht, das Tier sei in eine Wolke des Schweigens gehüllt.

Die friedlichen Morgenstunden sind für mich der Höhepunkt des Tages. Während die Menschen noch die wohlige Wärme ihres Schlafsacks genießen, herrscht am Fluß bereits Hochbetrieb. Jetzt, Mitte Juli, nachdem die Lachse in riesigen Schwärmen den Brooks River erreicht haben, finden sich kurz nach Sonnenaufgang Individuen hier ein, die zu anderen Tageszeiten den Menschen meiden. Nach der kurzen Nacht treibt sie der Hunger und die Hoffnung auf ein reiches Frühstücksbüfett zum Wasser.

Etwa 600 Meter flußaufwärts der Mündung, hinter einer weiten Flußschleife, hat sich der Brooks River in einen kleinen Hügel gegraben und so einen Aussichtspunkt entstehen lassen. Dort oben, einige Meter über dem Wasser, habe ich mich postiert.

Der Bär am gegenüberliegenden Ufer verschwindet wie eine Erscheinung wieder im Nebel. Mit steigender Sonne beginnen sich die Schwaden langsam aufzulösen. Mein Gesichtsfeld vergrößert sich. Etwas weiter den Fluß hinauf entdecke ich eine Bärin mit zwei Jungen. Auf die Entfernung fällt es mir schwer, mit Bestimmheit zu sagen, um wen es sich handelt. Aber als die Familiengruppe näher kommt, erkenne ich, daß es Ester mit ihrem Anhang ist. Im Reich der Bären, wo größer und schwerer eindeutig gleich besser ist, steht sie weit oben in der Hierarchie. Sie ist mit ihren etwa 400 Kilo eines des mächtigsten Weibchen. Mit den riesigen Männchen kann sich Ester nicht messen, aber selbst diese machen meist einen Bogen um sie, wenn sie Junge hat.

Esters Nachwuchs erlebt seinen zweiten Sommer. Im Vergleich zum letzten Jahr haben sie gewaltig zugelegt. Aus den mageren Bälgern sind unternehmungslustige, rundliche Rabauken geworden, vor denen wenig sicher ist. In einem Ringkampf wäre jeder Mensch ihnen hoffnungslos unterlegen.

Als letztes Jahr im Herbst ein zehn Monate altes Jungtier gewogen wurde, zeigte die Skala 57 Kilo an. Diese Burschen werden inzwischen diese Marke deutlich hinter sich gelassen haben.

Ester überzeugt sich kurz davon, daß ihr der Fluß zur Zeit allein gehört, und beginnt dann, mit den zwei Jungen im Schlepptau gemächlich am Wasser entlang auf mich zuzulaufen. Aber schon nach ein paar Schritten kommt die Prozession wieder zum Stehen. Nochmals sondiert Ester das Ufer in beiden Richtungen und

Aus den mageren Bälgern
sind unternehmungslustige,

rundliche
Rabauken

geworden.

watet dann hinaus in den Fluß. Bisher glich ihr Auftritt einem ziellosen Spaziergang, einem Bummel zur Begrüßung des neuen Tages. Doch nun wird ihre Körperhaltung angespannt. Für Sekunden verharrt sie regungslos, dann verliert der Morgen seinen idyllischen Charakter in einem Wirbel von Bewegungen. Und die fast sprichwörtliche Behäbigkeit der Bären erweist sich als Irrglauben. Bären bewegen sich mit einer Geschwindigkeit von bis zu 50 Kilometern pro Stunde fort. Selbst einen Weltklassesprinter würden sie bei einem direkten Vergleich vor Scham erröten lassen.

Mit ihrem plötzlichen Energieeinsatz katapultiert sich Ester förmlich in die Mitte des Flusses. Die Pfoten nach vorne gestreckt, verschwindet sie in einer Wasserfontäne. Der Fluß um sie herum beginnt zu brodeln. Lachse springen in alle Richtungen. Ester ist in einem Fischschwarm gelandet. Der energische Fangstil der Bärin ist von Erfolg gekrönt: Ihre mächtigen Tatzen klemmen einen Lachs gegen das steinige Flußbett. Mit einer schnellen Bewegung nimmt sie ihn zwischen die Zähne und trägt ihn zum Ufer.

Esters Nachwuchs hat den Fischzug aufmerksam verfolgt. Und als deutlich wird, daß die Mutter nicht mit leerem Maul zurückkehrt, rennen die Jungen ihr entgegen. Laut klagend bauen sie sich vor ihr auf. Sie gebärden sich so, als stünden sie kurz vor dem Hungertod und könnten nur noch durch diesen einen Lachs gerettet werden. Doch Ester kennt ihre zwei Pappenheimer. Ohne sie zu beachten, fängt sie an, den Fisch zu verspeisen. Den ersten Lachs des Tages ist sie nicht gewillt abzugeben. Zweimal 70 Kilo Mordshunger zu ignorieren ist allerdings leichter gesagt als getan. Unter brüllendem Protest versucht das mutigere der beiden Jungen, der Mutter den Fisch wegzuziehen. Diese sieht sich genötigt, prankenfeste Erziehungsmaßnahmen zu ergreifen. Eine knallende Ohrfeige belohnt den Frechdachs für seine Unverfrorenheit. Doch was dem einzelnen nicht gelingt, läßt sich durch Teamwork erreichen. Die Sekunde der Unachtsamkeit nutzt Lausebengel Nummer zwei, um den Fisch zu stehlen und im gestreckten Galopp samt Diebesgut zu fliehen, dicht gefolgt von seinem Partner bei diesem innerfamiliären Raubzug.

Ester schaut den beiden nach, ohne Anstalten zu machen, den Lachs zurückzugewinnen. Augenscheinlich ist für sie die Sache in dem Moment, da ihr Nachwuchs den Fisch unter seine Kontrolle gebracht hat, erledigt. Sie wendet sich ab und widmet wiederum dem Fluß ihre Aufmerksamkeit. Wo es einen Lachs gibt, ist der zweite nicht fern. Bei Esters Jungen währt die Freude über ihre Beute nur kurz. Futterneid existiert auch zwischen den Geschwistern. Ein heftiger Streit entbrennt, der erst dann endet, als der eine mit dem Schwanz, der andere mit dem Kopfteil

Bisher glich Esters Auftritt einem ziellosen Spaziergang, einem Bummel zur Begrüßung des neuen Tages. Doch nun wird ihre Körperhaltung angespannt. Für Sekunden verharrt sie regungslos,

dann verliert der Morgen seinen idyllischen Charakter in einem Wirbel von Bewegungen.

Mit ihrem plötzlichen Energieeinsatz katapultiert sich Ester förmlich in die Mitte des Flusses.

Die Pfoten nach vorne gestreckt, verschwindet sie in einer Wasserfontäne. Der Fluß um sie herum beginnt zu brodeln. Lachse springen in alle Richtungen.

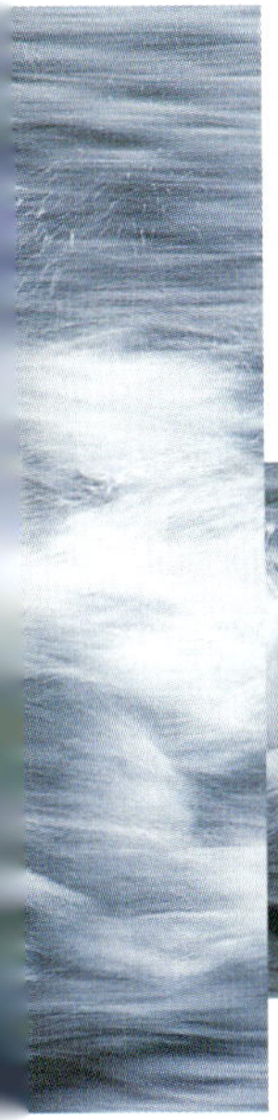

Wenn sie Glück hat – und der Fisch Pech –,

erscheint Sekunden später der Kopf an der Oberfläche mit einem

4000

-Kilokalorien-Imbiß

zwischen den Zähnen.

Eine knallende Ohrfeige belohnt den Frechdachs für seine Unverfrorenheit.

Laut klagend bauen sich die Jungen vor ihr auf. Sie gebärden sich so, als stünden sie kurz vor dem Hungertod und könnten nur noch durch diesen einen Lachs gerettet werden.

des Fisches im Gras verschwindet.

Das fordernde, aggressive Verhalten der Jungen ist bei Bären normal. Die Kleinen sind nie völlig satt und verlangen ständig mit größtem Nachdruck nach mehr. Ein paar gehörige Watschen hagelt es häufig. Daß es sogar mitunter gefährlich sein kann, der Mutter zu sehr auf die Nerven zu gehen, bewies ein Vorfall vor zwei Jahren, als einer Bärin der Geduldsfaden riß und sie ihr Junges in den Hintern biß. Dabei traf sie eine Schlagader, und das Junge verblutete.

Dieses Intermezzo am Brooks River hat kaum eine Minute gedauert und endet damit, daß Ester bis zu den Achseln im Fluß steht und ihre Fischfangperspektiven neu sondiert. Ihre Augen sind auf die Mitte des Wasserlaufs gerichtet. Vierzig Meter von ihr entfernt, verborgen im tiefen Gras, sind ihre Jungen damit beschäftigt, sich noch den kleinsten Hautfetzen und die letzte Schuppe einzuverleiben. Friede scheint wieder eingekehrt. Doch wo eine Vielzahl von Bären auf engem Raum zusammentrifft, liegt ständig Zwist in der Luft.

In diesem Moment taucht im Wasser flußabwärts von Ester ein weiterer Bär auf. Als er sie bemerkt, verläßt er den Fluß und versucht, entlang dem Ufer an ihr vorbeizugehen. Immer wieder wirft er ihr einen vorsichtigen Blick zu, ohne zu ahnen, daß sich im Gras hinter ihm Esters Nachwuchs verbirgt. Bisher ist er Esters Aufmerksamkeit entgangen. Ihr Interesse gilt dem Fluß und der darin enthaltenen Mahlzeit. Doch die Sorge um die Sicherheit ihrer Jungen ist den Gedanken einer Bärenmutter niemals fern. Als sich Ester umdreht, um nach den Kleinen zu schauen, hat sich der fremde Bär zwischen Mutter und Nachwuchs geschoben. Daß Unwissenheit nicht vor Strafe schützt, wird umgehend deutlich. Das Tier hat – wenn auch ohne Absicht – ein Grundgesetz in der ungeschriebenen Verfassung der Bärengesellschaft gebrochen: Plaziere dich nie zwischen eine Bärin und ihre Jungen! Ester geht sofort zum Angriff über. Sie pflügt durch das Wasser auf den Kontrahenten zu, der kaum weiß, wie ihm geschieht. Er wendet sich zur Flucht, rennt einige Meter das Ufer entlang und dreht sich dann um. Lieber den Angriff frontal erwidern, als von hinten umgemäht werden. Zudem ist mit dem Hinterteil schlecht kommunizieren. In Gestalt einer Bär gewordenen Furie stürmt Ester heran und stürzt sich, ohne abzubremsen, auf den Gegner. Um den Aufprall abzufangen, richtet der sich leicht auf. Esters Vordertatze schwingt gegen die Schulter ihres Kontrahenten. Dann stehen beide mit weitaufgerissenem Maul einander gegenüber. Das Brüllen des angegriffenen Bären ist noch im einen Kilometer entfernten Camp zu hören und schreckt dort die Parkbesucher aus dem Schlaf. Einige Sekunden verharren beide Tiere, ohne sich zu rühren, dann ziehen sich sowohl Ester als auch der andere Bär langsam zurück. Zwanzig Meter entfernt stehen die Jungen nebeneinander im hohen Gras und beobachten die Auseinandersetzung wie verstörte Logenbesucher in einem Freilufttheater.

Mir sind solche Konfrontationen immer etwas unheimlich. Man weiß nie, wie der angegriffene Bär reagiert. Ich habe schon erlebt, wie der verfolgte Bär direkt zum nächsten Menschen gerannt ist. Die an Menschen gewöhnten Tiere haben gelernt, daß die meisten Bären um die zweibeinigen Wesen in ihrer Umwelt einen mehr oder minder großen Bogen machen. Folglich suchen sie hinter einer Person Schutz, um den direkten Kontakt mit dem anderen Bären zu vermeiden. Die Begeisterung bei den betroffenen Menschen für das in sie gesetzte Vertrauen hält sich in Grenzen. Einen Bären hinter dem Rücken zu wissen ist unangenehm genug, einen zweiten auf sich zustürmen zu sehen, kann einem auf unabsehbare Zeit Alpträume bereiten.

Wenn ihr der andere Bär auch nicht zustimmen würde, aus Esters Sicht war ihr aggressives Verhalten mehr als gerechtfertigt. Der Fluß ist ein gefährlicher Ort für den Nachwuchs. Ein Drittel aller Bärenjungen erlebt nicht einmal den ersten Geburtstag, 60% erreichen nie das Erwachsenenalter. Manche sterben an Krankheiten, einige verhungern. Und viele der Kleinen fallen anderen Bären zum Opfer.

An Erklärungsversuchen für dieses Phänomen mangelt es nicht. Die meisten Biologen haben sich der Theorie verschrieben, daß der Kindesmord die Fortpflanzungschancen eines Männchens erhöht. Die Nachkommenschaft eines Konkurrenten wird aus dem Weg geräumt, und viele Bärinnen werden wenige Wochen nach dem Verlust ihrer Jungen wieder empfängnisbereit.

Das Männchen habe so die Möglichkeit, sein eigenes genetisches Material weiterzugeben. Dieses Gedankenmodell läßt sich in meinen Augen jedoch nur schwer mit den Beobachtungen in freier Wildbahn in Einklang bringen. Zudem scheint mir der Erklärungsversuch von einem in den Naturwissenschaften fast zwanghaften Bedürfnis geprägt, die Umwelt auf ein geradliniges Wirkungsgefüge zu reduzieren. Häufig liegen die Dinge aber wesentlich komplexer, und ein und dasselbe Ergebnis mag in verschiedenen Situationen unterschiedliche Ursachen haben.

Das Töten von Jungen könnte für ein Männchen nur dann einen Vererbungsvorteil bedeuten, wenn es mit Gewißheit oder zumindest hoher Wahrscheinlichkeit unterscheiden könnte, welche der Jungen es selbst gezeugt hat und welche nicht. Brächte es das falsche Junge um, würden sich die Aussichten, die eigenen Erbanlagen in die nächste Generation einzubringen, nicht erhöhen, sondern verringern. Bären halten nun aber wenig von der Einehe. Männchen paaren sich mit mehreren Weibchen, die ebensowenig auf Treue schwören. Eine genaue Vaterschaftsbestim-

Plaziere dich nie zwischen eine Bärin und ihre Jungen!

mung ist somit unmöglich. Zudem haben sogar die Muttertiere, wie Adoptionen und Jungenaustausch beweisen, in Streßsituationen Mühe, ihren eigenen von fremdem Nachwuchs optisch oder auch nach dem Geruch zweifelsfrei zu unterscheiden. Angesichts dessen ist auszuschließen, daß ein Männchen dazu fähig ist. Hinzu kommt, daß einige Wochen vergehen, bis das Weibchen erneut empfängnisbereit ist. Ein direkter Rückkoppelungseffekt fehlt, und jedes Männchen kann aus der Situation sexuellen Profit schlagen.

Zweifel läßt auch der genetische Aspekt angebracht erscheinen. Wenn sich ein Vererbungsvorteil aus den Kindesmorden ergäbe, hätte sich diese Handlungsweise im Erbmaterial festgeschrie-

Ester geht sofort zum

Angriff über.

ben. Man müßte dann erwarten, daß die Männchen generell mit dem Ziel durch die Lande rennen, fremden Nachwuchs zu eliminieren. Dem ist aber nicht so. Die meisten Todesfälle entspringen unglücklichen Umständen. Sie fallen in der Regel unter die Kategorie »zur falschen Zeit am falschen Ort«. Außerdem lassen sich deutliche Unterschiede im Charakter der Bären feststellen. Viele ignorieren oder meiden Weibchen mit Jungen. Aber dann gibt es noch die Bären, die man in der menschlichen Gesellschaft als schwerererziehbar oder asozial bezeichnen würde. Die Weibchen kennen diese Individuen genau. Sie fliehen und zeigen deutlich Furcht vor ihnen, wenn sie Nachwuchs haben. Und sie gehen ihnen sogar aus dem Weg, wenn sie ohne Anhang sind. Daß gerade solche auf der Popularitätsskala weit unten rangierende Bären die Empfängnisbereitschaft eines Weibchen nutzen könnten, ist unwahrscheinlich.

Und dann sind die Mordopfer nicht auf die Altersklassen 1–3 Jahre beschränkt. Auch halbwüchsige Tiere sind in Auseinandersetzungen von großen Männchen getötet worden. Eine direkte Beziehung zur erhöhten Fortpflanzungschance gibt es in solchen Fällen nicht. Aber als wichtigstes Gegenargument erscheint mir, daß keineswegs ausschließlich Männchen für den Tod der Jungen verantwortlich zeichnen. Weibchen sind ebenfalls beteiligt.

Meiner Ansicht nach erklärt sich die Tötung von Jungen aus der generell aggressiven Veranlagung des Bären im Verhalten gegenüber Mitgliedern der eigenen Art. Die Tiere sind von Natur aus Einzelgänger. Ihr Überleben hängt häufig von der Fähigkeit ab, Nahrung gegen Konkurrenten zu verteidigen und jede sich bietende Nahrungsquelle zu nutzen. Ansammlungen von Bären wie die an den Lachsflüssen sind die Ausnahme und auf Zeiten des Überflusses begrenzt. Die aggressive Disposition und der angeborene Opportunismus bieten eine Erklärung für die große Mehrzahl der Kindesmorde. Nur so ist es auch begründbar, weshalb Männchen so weit gehen können, eine Bärin umzubringen, die ihren Nachwuchs verteidigt. Im letzten Jahr wurden zwei Jungen zu Waisen. Ihre Mutter war eines Tages einfach verschwunden. Vermutlich hatte sie bei einem Kampf mit einem dominanten

Schließlich gibt Ester nach.

Halb sitzend, halb auf dem Rücken liegend, hält sie mit aufgerichtetem Kopf nach allen Seiten Ausschau …

... während die beiden Rangen zufrieden brummend ihre Zitzen bearbeiten. Ihre Welt ist wieder in Ordnung.

Männchen tödliche Verletzungen davongetragen. Und die wiederholt aufgetretenen Akte von Kannibalismus an den Opfern ergeben in diesem Erklärungszusammenhang ebenfalls einen Sinn. Man sollte sich aber trotzdem davor hüten, alle Vorfälle über einen Kamm zu scheren. Bären sind äußerst anpassungsfähige Tiere mit einem reichen Verhaltensrepertoire. Jedes Individuum besitzt einen eigenen Charakter. Verschiedene Tiere reagieren unterschiedlich auf Umweltreize. Und je nach Gemütslage kann ein und derselbe Bär in vergleichbaren Situationen gegensätzliches Verhalten zeigen. Das macht die Tiere nicht unberechenbar, sondern nur zu intelligenten Wesen, keinen Maschinen.

In Anbetracht des Risikos ist man geneigt, den Sinn der Aufzucht von Jungen am Fluß in Frage zu stellen. Einige Weibchen meiden in der Tat Brooks River, wenn sie Nachwuchs haben. Die körperlichen Anforderungen an das Muttertier bei der Aufzucht der Jungen sind allerdings enorm hoch. Um das rasche Wachstum der Kleinen zu ermöglichen, benötigt es Unmengen an Nahrung, die durch die Lachswanderung garantiert werden. Am Fluß Junge aufzuziehen bedeutet daher bis zu einem gewissen Grad, Risiken und Vorteile gegeneinander abzuwägen.

Das soeben Erlebte zeigt Nachwirkungen bei Esters Jungen. Sie bleiben nervös, auch als die Familie wieder vereint ist. Über das Wasser hinweg höre ich ihr kehliges Schnurren, mit dem sie ihre Mutter dazu auffordern, sie zu säugen. Beide versuchen, an Esters Zitzen zu gelangen. Auch bei Bären hat das »Stillen« seinen wortwörtlichen Sinn der Beruhigung. Ester will auf die Wünsche ihres Nachwuchses allerdings nicht eingehen. Zu leicht kann man hier überrascht werden. Ein paar Meter wandert sie den Fluß hinab, doch die Kleinen lassen nicht locker. Schließlich gibt Ester nach. Halb sitzend, halb auf dem Rücken liegend, hält sie mit aufgerichtetem Kopf nach allen Seiten Ausschau, während die beiden Rangen zufrieden brummend ihre Zitzen bearbeiten. Ihre Welt ist wieder in Ordnung. Und über dem Fluß liegt erneut eine friedliche Stimmung.

Lachse
schnellen empor

beim Versuch, die Barriere mit einem weiten Satz zu überwinden. Die Flugbahn weist in vielen Fällen schwere Berechnungsfehler auf.

Auf halbem Weg von See zu See stolpert der Brooks River über eine eineinhalb Meter hohe und vollends ihn querende Gesteinsstufe. Der Fluß enthüllt seine verborgene Macht in einer reißenden Wasserwand. Für die Lachse sind die Fälle ein überwindbares Hindernis, das aber trotzdem Unruhe in ihre anarchischen Reihen bringt. Wo sich zuvor auf mysteriöse Weise die unabhängigen Bewegungen der einzelnen Fische in der Harmonie des Schwarms vereinten, herrscht nun Unterwasserchaos. Lachse schnellen aus den Strudeln empor beim Versuch, die Barriere mit einem weiten Satz zu überwinden. Die Flugbahn weist in vielen Fällen schwere Berechnungsfehler auf. Anstatt jenseits der Kaskaden in ruhigem Wasser zu landen, fallen die Fische mitten in die Wirbel zurück, werden von der Strömung mitgerissen und wieder unter ihre am Fuß der Fälle wartenden Genossen gespült. Dort stehen die Lachse bald eng beieinander, eine quirlige Masse aus Tausenden von Tieren, die das Wasser verdrängt zu haben scheint.

Für die Bären der Region sind die Brooks Falls während der Lachswanderung ein Ort, an dem Schlemmerträume wahr werden. Viele Tiere haben ihre eigenen Fangtechniken entwickelt. Manche stehen oben an der Schwelle der Wasserfälle und harren mit geöffnetem Maul dem Salto mortale eines Lachses. Brooks Falls ist einer der wenigen Plätze auf der Welt, wo den Bären die nächste Mahlzeit in den offenen Rachen fällt. Ist der Lachszug voll im Gange, versuchen jede Minute über 400 Fische, den Wasserwall zu überwinden. Bei solchen Massen dauert es nicht lange, bis ein Bär mit Nachschub im Maul zum Ufer zurückwatet. Andere stehen unterhalb der Fälle und versuchen, die Verwirrung der Fische nach einem falsch getimten Sprung auszunutzen.

Der begehrteste Ort von allen ist ein Whirlpool inmitten des Stroms. Sogar dann, wenn alle anderen Fangplätze nichts Freßbares her-

geben, haben die Tiere in diesem Strudel meist noch Erfolg. Auf den Hinterbeinen sitzend und mit dem Kopf knapp über dem Wasser, warten die Bären darauf, daß ein Lachs ihre Vorderläufe berührt, um dann im aufgewühlten Wasser blitzschnell nach dem Objekt der Begierde zu schnappen. Wenn der Bär Glück hat – und der Fisch Pech –, erscheint Sekunden später ein Kopf mit einem 4000-Kilokalorien-Imbiß zwischen den Zähnen an der Oberfläche.

Manche stehen oben an der Schwelle der Wasserfälle und harren mit geöffnetem Maul dem Salto mortale eines Lachses. Brooks Falls ist einer der wenigen Plätze auf der Welt, wo den Bären die nächste Mahlzeit in den offenen Rachen fällt.

Zu Anfang, in den frühen Stadien der Lachswanderung, verspeisen die Bären ihre Beute mit Schuppen und Gräten; außer Kiefer und Kiemendeckel bleibt wenig zurück. Später, wenn das Fangglück schon Gewohnheit ist, werden sie wählerisch. Manche große Männchen ziehen bis zu 50 Lachse pro Tag an Land, vertilgen aber bei dem Überangebot an Nahrung nur die Teile der Beute, die die meisten Kalorien pro Bissen bieten. Und da Fett in dieser Hinsicht mehr als doppelt so gehaltreich ist wie Protein, konzentrieren sich die Braunbären auf die Kalorienbomben Haut, Gehirn und Kaviar. Das rote Fleisch der Fische lassen sie zurück. Denn der Ernährungsplan ist in erster Linie auf Gewichtszunahme ausgerichtet. Unter optimalen Bedingungen beinhaltet eine Tagesration 20000 Kilokalorien. Im 24-Stunden-Rhythmus fügen die Bären dann zwei Kilo Gewicht ihrem ohnehin imposanten Körper hinzu. Die Weightwatcher würden unter den Bären keine Anhänger finden. An manchen Tagen sieht man Bären in kleinen Bergen von Lachskadavern stehen. Die enthäuteten Fische sehen aus, als hätte sie jemand fein säuberlich zum Räuchern vorbereitet.

Doch die Natur kennt keine Verschwendung. Stromabwärts ernähren sich Jungtiere und Weibchen mit ihrem Nachwuchs von den Bissen, die vom gedeckten Tisch der dominanten Männchen fallen. Und Weißkopfseeadler, Raben, Elstern und Möwen stehlen den Rest.

Die Kaskaden sind in erster Linie die Domäne der Männchen. Besorgt um die Sicherheit des Nachwuchses, meiden viele Weibchen mit jugendlichem Anhang die Fälle, wenn diese Riesen der Bärengesellschaft anwesend sind. Ausgewachsene Männchen lassen die Bärinnen klein erscheinen. Sie bringen im Schnitt ein Drittel mehr auf die Waage. Und dieser Größen- und Massenunterschied erschwert es den Weibchen, den Risikofaktor, den jedes Nichtfami-

lienmitglied darstellt, zu kontrollieren. Eine starke Konkurrenz um Paarungsrechte ist der Grund dafür, daß sich die Körpermaße bei erwachsenen Tieren als ein Geschlechtsmerkmal herausgebildet haben. Betrachtet man allein die Zahlen, liegt zwar kein Mangel an Partnern vor, da die Populationen etwa ebenso viele männliche wie weibliche Mitglieder haben, aber es zeigt sich, wie trügerisch das kleine Einmaleins sein kann. Da die Weibchen ihre Jungen in der Regel zwei bis drei Jahre mit sich führen, um sie in die Geheimnisse des Bärenlebens einzuweihen und ihr Heranwachsen zu überwachen, sind zur Paarungszeit nur etwa 30% der Bärinnen an einem amourösen Abenteuer interessiert. So werben immer mehrere Männchen um die Sympathien eines Weibchens.

In den letzten Tagen hat an den Brooks Falls Hochbetrieb geherrscht. Bis zu zehn Bären teilten sich gleichzeitig die reichen Fanggründe. Lachse lagen wie eine dunkle

Wolke im Wasser. Vor vier Tagen zogen die Fischer an der Mündung des Naknek River ihre Netze aus dem Wasser. Ihre Fangfenster wurden geschlossen. Und so wimmelte es 48 Stunden später im Brooks River von Lachsen. Gestern abend saß oben am Rand der Fälle ein Bärenjungspund wie ein Fels in der Lachsbrandung und wehrte sich kaum gegen die unaufhörlichen Attacken der Fische. Lachse segelten gegen seinen Körper, trafen ihn am Ohr und an der Nase. Seine Reaktion beschränkte sich meist darauf, den Kopf

Kalorienbomben

Haut, Gehirn und Kaviar. Das rote Fleisch der Fische lassen sie zurück.

leicht zur Seite zu drehen und die Augen zuzukneifen.

Einige Male wedelte er mit den Vordertatzen, als wollte er ein paar lästige Fliegen vertreiben. Seine physische Aufnahmefähigkeit war restlos erschöpft – voller Bauch und sprudelnde Vitalität schließen sich auch bei Bären aus. Der Jungbär schien mehr vom Naturschauspiel fasziniert als an der Nahrungssuche interessiert. Aufgrund der Bruchlandung eines Lachses hielt er plötzlich ohne eigenes Dazutun einen zappelnden Fisch zwischen den Tatzen. Er betrachtete ihn einen Augenblick und ließ ihn dann ins Wasser zurückgleiten. Leben und leben lassen.

Ein Wolkenbruch hat mich schließlich vom Fluß vertrieben. Die ganze Nacht hindurch spielte der Regen auf meinem Zeltdach ein Schlaflied. Der ersehnte Schlußakkord verklang erst in den frühen Morgenstunden, und jetzt deutet nur noch der schwere Tau auf die feuchte Vergangenheit hin. Leider haben sich mit dem Regen auch die Fische verabschiedet. Die Lachse kommen in Schüben, die durch den langen Arm der Fischereiindustrie beeinflußt sind. Stromabwärts an der Bristol Bay liegen die Netze wieder im Wasser, und die Bären schauen in die Röhre. Einige Lachse kommen immer noch durch, doch die großen Massen bleiben aus, wenn feinmaschige Hindernisse den Weg versperren. Die Fangzeiten sind zwar kurz und variieren von Jahr zu Jahr, da die Fischereibehörde darauf achtet, daß eine Mindestzahl von Lachsen es zu den Laichgründen schafft, ganz ohne Auswirkungen bleibt das menschliche Profitstreben an der Mündung des Naknek River aber nicht. Die Bären scheinen rasch zu wissen, daß heute wenig zu holen ist. Die Ebbe bei den Lachsen hat eine Flaute in der Aktivität der Bären zur Folge. Wetter und Licht gut, aber Bären: Fehlanzeige.

In der feuchten Morgenluft bildet mein Atem kleine Dunstwolken. Fröstelnd sitze ich an den Brooks Falls

Lachse segelten gegen seinen Körper, trafen ihn am Ohr und an der Nase.

Seine Reaktion beschränkte sich meist darauf, den Kopf leicht zur Seite zu drehen und die Augen zuzukneifen. Einige Male wedelte er mit den Vordertatzen, als wollte er ein paar lästige Fliegen vertreiben.

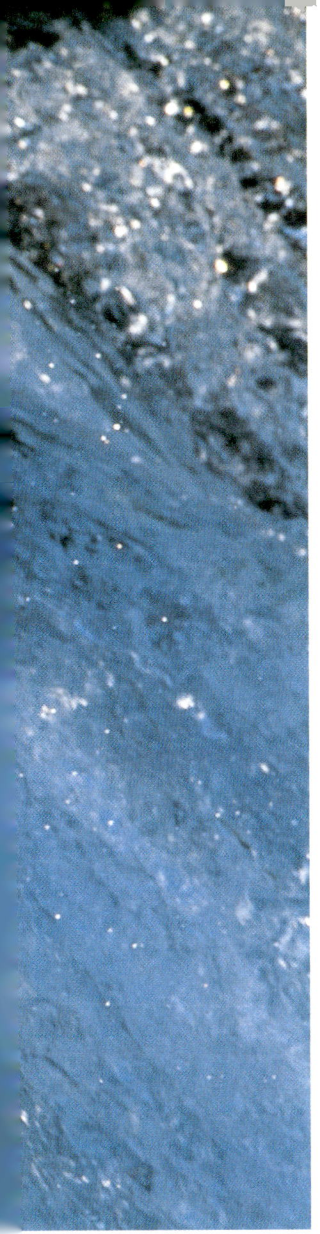

Bis zu zehn Bären
teilten sich gleichzeitig
die reichen Fanggründe.

Lachse lagen wie eine
dunkle Wolke im Wasser.

neben meiner Kamera und übe mich in Geduld. Ausreichend Gelegenheit, diese Tugend zu perfektionieren, habe ich nun. Es tut sich nichts an den Fällen. Ein großes Männchen taucht gegen 10 Uhr kurz auf, um dann mangels Aussicht auf Beute wieder tatenlos von dannen zu ziehen. Die Zeit vergeht, und als Visionen von heißem Kaffee vor meinem inneren Auge erscheinen, entschließe ich mich, meine Ausrüstung wieder zusammenzupacken. Doch gerade als ich meinen Beobachtungsposten aufgeben will, tritt ein riesiger Bär aus dem dichten Gebüsch. Nachdem er die Umgebung einer kritischen Prüfung unterzogen hat, watet er langsam hinaus ins Wasser, hinüber zum Whirlpool. Vor ein paar Tagen haben wir ihn Rambo getauft. Sein forsches Verhalten und seine Art, respekteinflößend die Muskeln spielen zu lassen, vereinfachten die Namenswahl. Rambo ist zur Zeit der unumschränkte Herrscher an den Brooks Falls. Sogar Tiere wie Panda, der noch im Jahr zuvor an der Spitze der Hierarchie stand, halten gebührenden Abstand.

Aber was nützt alle Kraft, wenn sich die Fische rar machen? Zwei Stunden später sitzt Rambo noch immer im eisigen Wasser, ohne einen einzigen Lachs erwischt zu haben. An manchen Bären kann ich mir in bezug auf Ausdauer eine Scheibe abschneiden. Einem Bären zuzusehen, sei es auch Rambo, der nichts tut, als bis zum Hals im Wasser zu sitzen, hat nach einer Weile eine Wirkung, um die sich jeder Pharmakonzern bei der Herstellung einer milden Schlaftablette bemüht. Die Konzentration läßt nach; die Gedanken machen sich selbständig. Der Bär verliert meine ungeteilte Aufmerksamkeit. Das größte Problem bei der Wildtierfotografie ist die Koordination des Handlungseifers der Stars vor der Kamera mit dem des Akteurs dahinter. Zum Leidwesen der Fotografen existiert eine unumstößliche Regel: Die dramatischsten Ereignisse treten unweigerlich dann ein, wenn man am wenigsten damit rechnet, gänzlich unvorbereitet ist und die Kamera nicht zur Hand hat. So auch jetzt.

Plötzlich weicht die Stille am Fluß einem ohrenbetäubenden Gebrüll. Anstelle der friedlichen Stimmung herrscht Tumult und Aufruhr. Von mir und – was bezeichnender ist – auch von Rambo unbemerkt, hat sich im Schutz einer kleinen Insel im Fluß ein weiteres Männchen genähert. Kein Bär verlebt seine Zeit als König am Fluß unangefochten, und dieser Neuankömmling ist eindeutig mit der Absicht erschienen, die strategisch bessere Stellung zu nutzen, um die Rangordnung zu seinen Gunsten etwas durcheinanderzuwirbeln. Doch dem Angreifer ist in der Einschätzung der Situation ein Fehler unterlaufen. Obwohl er den Überraschungseffekt auf seiner Seite hat, wendet sich das Blatt sofort. Rambo explodiert förmlich aus dem tiefen Wasser, ist mit einem Satz am Ufer, rammt mit voller Wucht die Flanke

seines Kontrahenten und wirft ihn zu Boden. Der Vorteil ist nun fest in seinen Pranken. Mit weitaufgerissenem Maul und schwingenden Tatzen stürzt er sich auf den Widersacher. Ernster Schaden scheint unabwendbar, eine tödliche Verletzung, wenn auch nicht wahrscheinlich, so doch möglich. Rambo steht über seinem auf dem Rücken liegenden Gegner. Aber unvermittelt hält er inne. Für einige endlose Sekunden bleiben die beiden Bären regungslos ineinander verschlungen. Dann trennen sie sich. Im Zeitlupentempo und mit steifen Schritten sucht der Besiegte vorsichtig das Weite. Eine tiefe Wunde klafft an seinem Vorderbein. Auch Rambo ist nicht ohne Schramme davongekommen: Als Andenken an den Kampf trägt er einen langen Riß über der Stirn. Derartige »Kratzer« sind für ihn belanglos. Zahlreiche Narben an seinem Hals deuten an, daß Auseinandersetzungen häufiger ihre Spuren hinterlassen. Rambo schaut seinem Rivalen nach und geht dann hinüber zu einer Gruppe Erlen. Dort richtet er sich auf und stutzt einige der Bäumchen mit seinen Prankenhieben. Abgerissene Zweige liegen zwischen seinen Beinen. Dann dreht er sich um, reibt seinen Rücken an einem Stamm und uriniert dabei.

Die Ereignisse am Fluß werden von meinem verzweifelten Versuch begleitet, den Fotoapparat aus der Tasche zu ziehen. Der ganze Vorfall hat keine Minute gedauert. Als ich die Kamera endlich schußbereit habe, ist es zu spät. Ich kann nur noch die Dominanzgebärden des Siegers festhalten. Dieser betrachtet noch kurz ein letztes Mal den Ort des Geschehens und verabschiedet sich anschließend ebenfalls.

Meine Gefühle sind gespalten. Freude über das Privileg, Zeuge des Vorfalls gewesen zu sein, mischt sich mit Enttäuschung darüber, daß ich ohne fotografische Beweise dastehe. Kämpfe dieser Art sind selten, insbesondere jetzt, Mitte Juli, wo die Lachssaison schon in vollem Gang ist. Ernsthafte Auseinandersetzungen spielen sich vor allem in der Paarungszeit

zwischen Mitte Mai und Mitte Juni ab sowie in den ersten Wochen am Brooks River, wenn sich noch keine klare Hierarchie etabliert hat. Und selbst dann beschränken sich Konfrontationen in der Regel auf Drohgebärden und Beschwichtigungssignale. Körperkontakt ist die Ausnahme und meist auf einige rechte und linke Haken beschränkt. Die resultierenden Kratzer greifen den psychischen Lack häufig stärker an als die körperliche Verfassung. Vor einigen Jahren, als Bullet noch im Wachstum steckte, hatte er an den Fällen wenig zu melden. In Auseinandersetzungen zog er regelmäßig den kürzeren. Von den Brooks Falls verjagt, wanderte er den Fluß hinunter. An seinem Gang und seinem Gehabe konnte man deutlich erkennen, wie es in ihm brodelte. Aufgestaute Aggressionen benötigen ein Ventil, und just in diesem ungeeigneten Moment traf er regelmäßig am Wasser auf Petrijünger in Menschengestalt. In seiner aufgewühlten Verfassung war Bullet nicht gewillt, schon wieder jemand anderem den Fluß zu überlassen, und versuchte, die jeweilige Person mit Drohgebärden einzuschüchtern – meist mit Erfolg. In diesen Jahren war es nichts Außergewöhnliches, einen verstörten Menschen ins Büro der Park Ranger stürmen zu sehen, der atemlos und wild gestikulierend in allen Einzelheiten erzählte, wie er gerade mit Müh und Not einem riesigen Braunbären entkommen sei.

Die Gefahr, in solchen Situationen zu Schaden zu kommen, ist allerdings gering, außer man trägt durch eigenes Verschulden zur Eskalation bei. Das Verhaltensrepertoire der Bären ist darauf ausgerichtet, Kampfhandlungen zu vermeiden und dadurch das eigene Verletzungsrisiko zu verringern. Nun sind Bären keine Tiere, die in Herden oder Rudeln leben. Ihrem Wesen nach sind sie Einzelgänger. Der soziale Kontakt zwischen Individuen ist minimal. Und da in der Evolution einer Tierart die Ausprägung von anatomischen Merkmalen in erster Linie vom Zweck bestimmt ist, besitzen Bären nur ein-

Plötzlich weicht die Stille am Fluß einem

ohrenbetäubenden

Gebrüll.

Für einige endlose Sekunden bleiben die beiden Bären regungslos ineinander verschlungen.

Zu seiner vollen imposanten Größe von über drei Metern aufgerichtet, reibt Rambo seinen Rücken an den Überresten eines Strauches und stellt so seine Dominanz zur Schau. Die Narben am Hals sind Zeugnis davon, daß er Konfrontationen nicht scheut.

geschränkte Möglichkeiten zur Körpersprache. Es bestand keine Notwendigkeit für eine Verständigung zwischen den Tieren, die über das Grundlegende hinausgeht. Und so erlaubt die Gesichtsmuskulatur der Bären kaum Mimik, der Schwanz, der bei den Hunden und Wölfen Gemütszustände deutlich wiedergibt, ist nur ein kurzer Stummel und zur Signalgebung untauglich, und die kleinen Ohren sind hierzu ebensowenig geeignet. Aufgrund dieses körperlichen Handicaps verläuft die Kommunikation der Bären geradliniger als bei vielen anderen Tieren. Dies betrifft auch alle Aspekte der Aggression. Ohne viel Vorgeplänkel reagieren die Tiere auf Bedrohungen, was ihnen unter den Menschen den Ruf der Unberechenbarkeit einbrachte. Bären sind dies aber keineswegs. Nur werden ihre Signale häufig falsch oder gar nicht verstanden. So ist ein Gähnen häufig kein Zeichen der Müdigkeit, sondern signalisiert Unruhe, Streß und den richtigen Zeitpunkt für den zweibeinigen Beobachter, sich aus der unmittelbaren Nähe des Tieres zu entfernen. Und Schaum vor dem Mund deutet nicht auf Tollwut hin, sondern ist ein weiterer Schritt in Richtung Angriff oder Flucht. Jeder Bär besitzt einen magischen Zirkel, eine Art Privatsphäre von individuellem Durchmesser. Verletzt man die Grenzen dieses unsichtbaren Hoheitsgebietes, wird das Tier versuchen, einen angemessenen Abstand wiederherzustellen, indem es sich zurückzieht oder den Eindringling vertreibt.

Die meisten Begegnungen zwischen Bären enden, bevor die Tiere überhaupt nahen Kontakt haben. Die Größe entscheidet über Dominanz. Ernsthafte Auseinandersetzungen entwickeln sich nur zwischen Individuen von gleichem Gardemaß. Lediglich Weibchen mit Jungen setzen sich über dieses Gesetz hinweg. In der Hierarchie der Bären stehen sie aufgrund ihres aggressiven Verhaltens gleich hinter den ausgewachsenen Männchen.

Geraten die Tiere dann tatsächlich aneinander, stehen sich die Gegner zumeist nur drohend gegenüber, bis einer langsam den Rückzug antritt. Wilde Flucht führt fast ausnahmslos zu einer Verfolgungsjagd. Insofern kann für den Menschen in vergleichbaren Situationen nur die Regel gelten, nie die Beine in die Hand zu nehmen, selbst wenn das Herz in der Hose sitzt. Angriffe erweisen sich überwiegend als Scheinattacken mit dem Zweck, eine Reaktion herbeizuführen. Menschen werden von Braunbären unter normalen Umständen nicht als Beute betrachtet und genausowenig als Gegner. Dort, wo sie sich an die buntgekleideten Zweibeiner gewöhnt haben, sie nicht als Gefahr betrachten und nie gelernt haben, daß in ihrem Umfeld Nahrung erhältlich ist, sind Unfälle fast unbekannt. Ihnen aber deshalb ohne den nötigen Respekt entgegenzutreten wäre fatal. Achtung und Vorsicht sind die besten Garanten für die eigene Sicherheit. Auch an Orten wie dem Brooks River fehlt der magische Zirkel der Tiere nicht; er ist nur kleiner als gewöhnlich und damit auch die Gefahr, ein Individuum zu überraschen und zum Handeln zu zwingen.

Kurz nach Rambo verlasse ich ebenfalls die Brooks Falls und folge einem schmalen Pfad, der sich durch das hohe Ufergras windet. Einen Kilometer flußabwärts sehe ich Bullet auf einer Kiesbank stehen. Vor ihm liegt ein frisch gefangener Lachs. Als er mich kommen hört, hebt Bullet kurz den Kopf. Ein kurzer, desinteressierter Blick, dann wendet er sich wieder seiner Beute zu. Wie sich die Zeiten ändern!

Kurz nach Rambo
verlasse ich ebenfalls die Brooks Falls und folge einem schmalen Pfad.

Das Geräusch von splitterndem Holz reißt mich aus dem Schlaf

Das Geräusch von splitterndem Holz reißt mich aus dem Schlaf. Ich bin sofort hellwach. Nichts bringt den Kreislauf schneller in Schwung als eine gehörige Dosis Adrenalin. Sekunden vorher tuckerte meine innere Pumpe noch gemächlich vor sich hin, jetzt rast der Puls. Der Blick auf die Uhr verrät nichts Neues. Die Leuchtziffern haben ihr fluoreszierendes Leben im Laufe der Nacht ausgehaucht. Meine Hände tasten nach der Taschenlampe. Im Zelt hat im Gegensatz zu meinem Zimmer in Kindertagen alles seinen Platz. Wenn meine Mutter geahnt hätte, daß ich Ordnung halten kann, wenn ich nur will ... Der Lichtstrahl durchschneidet das Stockdunkel. Null Uhr 30. Als ob mir dies etwas nützen würde.

Lautes Krachen, so als würde eine Tür aus ihren Angeln gerissen und anschließend zu Boden geschleudert. Ich sitze in meinem Zelt und erwäge fieberhaft, was zu tun ist. Viel Spielraum bleibt mir nicht. Es ist Anfang Oktober. Ich bin der letzte

Backpacker
Cache

Besucher, der sich am Fluß aufhält. Ein paar Parkangestellte sind tagsüber damit beschäftigt, die Blockhütten gegen vandalisierende Bären und den nahen Winter zu schützen. Sie wohnen aber zwei Kilometer entfernt auf der anderen Seite des Brooks River. Ich könnte mir die Lunge aus dem Hals brüllen, hören würde mich keiner. Hinüberlaufen scheidet auch aus. Die bewegliche Brücke ist eingezogen, ein Kanu habe ich nicht zur Verfügung. Und im Dunkeln werde ich keinesfalls den Fluß bis zu einer seichten Stelle hinaufmarschieren, an der ich meine hüfthohen Gummistiefel einsetzen kann, ohne daß sie sich mit Wasser füllen. Ich ziehe die Streichhölzer heraus und zünde die Laterne an. Falls sich ein Bär für mein Zelt interessiert, hält ihn das Licht womöglich davon ab einzutreten. Der dünne Stoff wird es sicherlich nicht tun.

Ich öffne die Zelttür und werfe einen Blick nach draußen. Ich könnte ebensogut ein schwarzes Samttuch anstarren. Zu erkennen ist nichts. Wenn die Augen blind sind, schärft sich das Gehör. Leise Geräusche hallen wie Kanonendonner. Distanzen verlieren ihre Dimension. Die Entfernung zum Ursprung des Radaus scheint auf wenige Schritte geschrumpft. Es müssen aber mindestens 15 Meter sein. So weit ist es zum stabilen Vorratsschuppen. Um Bären daran zu hindern, Geschmack an Konserven, Schokoladenriegeln und anderen Campingdelikatessen zu finden, hat die Parkverwaltung eine robuste Holzschachtel gebaut. Drei Riegel verschließen die Tür aus dicken Bohlen. Dem Lärm nach zu urteilen, hält sich ein Bär momentan nicht damit auf, diese aufzuschieben. Er baut gleich den ganzen Schuppen ab.

Das Sicherheitsbestreben der Behörden hat guten Grund. In amerikanischen Nationalparks gab es zwischen 1900 und 1980 zweiundvierzig Todesfälle durch Braunbären. Die meisten wären bei vernünftigerem Verhalten der Menschen und besseren Vorsichtsmaßnahmen vermeidbar gewesen. Fast ausnahmslos ließen sich die Ursachen für die Unglücke zwei Kategorien zuordnen: Entweder waren Weibchen beteiligt, die ihre Jungen in Gefahr sahen. Die Tiere wurden meist überrascht. Oder es handelte sich um Bären, die ihre Ernährung durch Essensabfälle oder ihnen mehr oder minder freiwillig überlassenen Proviant anreicherten. Hat die Futtersuche der Bären einmal ein positives Ergebnis erbracht, verhalten sie sich wie Schürfer, die eine Goldader entdeckt haben. Nichts kann sie davon abhalten, zu ihr zurückzukehren, und sie verteidigen sie gegen jede Konkurrenz. Und in ihrer aggressiven Art des

Nahrungserwerbs verlieren sie ihre Furcht vor den Menschen. Auch ohne diese als

Beute zu betrachten, können sie zur Gefahr werden. Haben die Bären gelernt, daß Essen in Zelten, in Rucksäcken, in Hütten oder generell im Umkreis von Menschen zu erhalten ist, werden sie diese Orte aufsuchen und auch in bewohnte Unterkünfte eindringen. Wer dann seinen Schlafplatz oder sein Eigentum verteidigt, hat ein erhebliches Problem, wenn er die Ansprüche nicht mit schußkräftigen Argumenten untermauern kann. Die Tiere teilen ungern und bewachen ihre Nahrung eifersüchtig gegen Artgenossen. Nur stecken diese einen Prankenhieb und andere Tätlichkeiten besser weg als ein im Vergleich zum Bären zerbrechlich gebauter Mensch.

Bei der Popularität des Brooks River ist Vorsicht eine Notwendigkeit. Und bisher wurde niemals ein Besucher verletzt. Bären, in erster Linie Individuen, die unter den Tieren das Äquivalent zu Teenagern sind, zerlegen zwar gelegentlich ein paar Zelte in ihre Einzelteile, ohne dabei die Anleitungen des Herstellers zu beachten, aber sie gehen diesem Zeitvertreib tagsüber nach, wenn die Menschen abwesend sind. Neugier und Übermut sind der Ansporn. Diese bunten Dinger, die sogar zurückfedern, wenn man sie anstupst, stellen eine unwiderstehliche Verführung dar.

Eßbares haben sie in den Zelten nie gefunden und wohl auch nicht speziell danach gesucht. Bären unterziehen generell alles Unbekannte in ihrer Umwelt einer genauen Inspektion. Bei Versuchen mit Bären in Zoos haben sich die Tiere mit ungewohnten Objekten in ihren Gehegen länger beschäftigt als Primaten. Manche Individuen entwickelten komplexe Spiele, um sich bei Laune zu halten. Dieser Forscherdrang ist für die Tiere ein Teil ihrer Überlebensstrategie, eine Charaktereigenschaft; von ihm hängt der Erfolg der Art ab und erklärt ihn wiederum. Bären testen und untersuchen ständig die Welt, in der sie leben. Eine nähere Inspektion mag eine bis dahin ungenützte Nahrungsquelle zu Tage fördern. Dieser aus menschlicher Sicht verspielte Wesenszug der Bären findet auch Ausdruck in Verhaltensweisen, die nicht im Dienst der Ernährung stehen.

Bären jeden Alters spielen – allerdings um so intensiver, je jünger sie sind. Dominante Männchen lassen sich nur selten dazu herab, ausgelassen mit einem Artgenossen herumzutollen. Bärenjunge in ihrem ersten Lebensjahr beschäftigen sich hingegen fast unentwegt mit den Objekten und Subjekten ihrer Umwelt. Geschwister balgen miteinander. Fehlen diese, muß die Mutter herhalten. Die körperliche Aktivität fördert das gesunde Wachstum der Knochen und dient dazu, Überlebenstechniken zu trainieren. Außerdem festigt und erneuert das Spiel mit Artgenossen soziale Bindungen. Letzterer Aspekt dürfte der Hauptgrund für die freundschaftlichen Raufereien zwischen erwachsenen Tieren sein. Einen Selbstzweck mögen diese harmlosen Schaukämpfe allerdings auch haben. Wenn man die Tiere dabei beobachtet, kommt man nicht umhin festzustellen, daß sie ganz offensichtlich ihren Spaß an der Sache haben.

Im Juni und Juli ist es in der Regel ausschließlich der Nachwuchs, der dem Spiel frönt. Gelegentlich wird ein Muttertier einbezogen, aber generell ist die Erwachsenenwelt zu sehr damit beschäftigt, ihre Fettreserven zu erneuern, als daß sie sich der Leichtigkeit des Seins hingeben würde.

Ende Juli verlassen die Bären mit den Lachsen den Fluß. Die Fische ziehen hinauf zu den Quellbächen und deponieren dort im Kiesbett der Wasserläufe ihren Laich. Die Bären folgen ihnen, um die Freßorgie der letzten Wochen fortzusetzen. Erst Anfang September kehren sie an den Brooks River zurück. Man erkennt die Tiere fast nicht wieder. Das Winterfell ist inzwischen gewachsen. Bereits vorher waren sie

Eßbares haben sie in den Zelten nie gefunden und wohl auch nicht speziell danach gesucht.

Bären unterziehen generell alles Unbekannte in ihrer Umwelt einer genauen Untersuchung.

Halbwüchsige Bären suchen das Ufer des Naknek Lake nach angeschwemmten Fischen ab. Die Frage, ob es sich hierbei um Jungtiere handelt, die noch unter mütterlicher Obhut stehen, läßt sich anhand der Körpermaße nicht zweifelsfrei beantworten.

Lucy kann man getrost als den Schrecken am Brooks River bezeichnen.

imposante Erscheinungen, jetzt sind sie wahre Kolosse. Eine dicke Fettschicht läßt Kanten verschwinden und schafft weiche Rundungen. Und da die ernste Frage des Überlebens während der langen Winterruhe nun geklärt ist, bleibt Zeit, sich ausgiebig mit den Freuden des Lebens zu beschäftigen. Was mir aufgrund der sich bietenden fotografischen Gelegenheiten zur Freude gereicht, bereitet der Parkverwaltung endlos Ärger. Wo auch immer Krallen und Zähne einen Ansatzpunkt finden, gehen die Tiere zu Werke. Sie nehmen so ziemlich alles auseinander, von Klohäuschen bis hin zu einzementierten und festgeschraubten Müllcontainern. Etwas niet- und nagelfest zu verankern erweist sich als Redewendung mit geringer Aussagekraft. Nieten und Nägel mögen nach den Aktionen der Bären das einzige sein, was sich wie gehabt an Ort und Stelle befindet. Letzten Herbst entdeckten zwei gelangweilte fünfjährige Delinquenten, daß Türen ihrer Masse wenig entgegenzusetzen haben. Ein kurzer Einsatz des Oberkörpers, und die Tür segelte samt Angeln und Schloß nach innen. Und in den sich auftuenden Räumlichkeiten war meist Interessantes geboten. Manchmal gab es abgesehen vom Mobiliar wenig zu begutachten. Ein andermal aber brachen sie in den Waschsalon der Ranger ein, der gleichzeitig auch zur Aufbewahrung des gedruckten Lesesaalinventars der Parkangestellten benutzt wurde. Die Bären erwiesen sich als Banausen der federleichten Literatur. Schmöker aller Art, von Krimis bis hin zu Liebesromanen, lagen im weiten Umkreis verstreut. Nach den Büchern wandten sie ihre Aufmerksamkeit den Gegenständen des hygienischen Gebrauchs zu. Das Blech der Waschmaschine war aufgebogen, als hätte sich jemand an ihr mit Blechschneider, Zange und Hammer vergangen, um einen neuen Zugang zur Trommel zu schaffen. Insgesamt brachen die Bären 30 Türen auf, bevor man schließlich notgedrungen dazu überging, die Hütten mit Elektrozäunen gegen das zerstörerische Interesse der Tiere zu schützen. Ein paar tausend Volt dämpfen sogar den überschwenglichen Enthusiasmus eines Bären.

Die Übeltäter zu vertreiben war nie ein Problem. Wie zwei schuldbewußte Jugendliche flohen sie umgehend, wenn Menschen am Ort des Geschehens auftauchten – und kehrten zurück, sobald die Spielverderber verschwunden waren. Das Problem gestaltet sich wesentlich komplizierter, wenn Bärenjungen, die noch in der Begleitung ihrer Mutter unterwegs sind, ein destruktives Verhalten an den Tag zu legen beginnen, insbesondere wenn die Mutter Lucy ist.

Lucy kann man getrost als den Schrecken am Brooks River bezeichnen. Manche betrachten sie sogar als ihre private Nemesis. Ich für meinen Teil bin froh, wenn ich sie nicht zu sehen bekomme, insbesondere dann, wenn

sie Nachwuchs bei sich führt. Im Gegensatz zu manchen anderen Weibchen fühlt sich Lucy in der Nähe von Menschen unbehaglich. Viele Bärinnen, wie zum Beispiel Chowmane, betrachten Menschen nicht als Gefahr für ihre Jungen, sehen in ihnen sogar einen gewissen Schutz. Lucy dagegen traut den Zweibeinern nicht, aus welchen Gründen auch immer. Vielleicht hat sie schlechte Erfahrungen gemacht. Es ist gut möglich, daß sie auf ihren Streifzügen zum Teil die Parkgrenzen überschreitet und auf Personen trifft, die Bären wenig Sympathien entgegenbringen. In diesem Fall stellt sich die Frage, warum sie weiterhin den Brooks River besucht. An Lachsflüssen mangelt es in der Region nicht. Ihre Aggressivität könnte aber auch auf charakterlichen Eigenarten basieren. Auch im Verhalten gegenüber anderen Bären zeigt sich Lucy nicht gerade als personifizierte Freundlichkeit.

Lucy als Problembär ist eine zyklische Erscheinung. In Jahren ohne Nachwuchs besucht sie den Brooks River nur sporadisch und hält sich meist von Menschen fern.

In etwa vierjährigem Turnus erscheint sie mit neuem Nachwuchs am Fluß. Der erste Sommer verläuft noch relativ ruhig. Die Jungen halten sich nahe der Mutter. Konfrontationen mit Menschen sind selten. Doch im Jahr darauf beginnen sich die Schwierigkeiten zu häufen. Mit zunehmendem Alter wird der Nachwuchs unabhängiger, was schließlich so weit führt, daß die Kleinen vielfach die Marschrichtung bestimmen. Lucy wird zum mütterlichen Anhängsel wider Willen degradiert. Und es sind ihre eigensinnigen Schützlinge, die die Familie in Konfliktsituationen hineinreiten. Sie nähern sich neugierig den Menschen, um festzustellen, wer oder was sie sind, untersuchen Gebäude auf ihre bauliche Solidität und leben dabei in der Gewißheit, daß Mama sie schon rauspauken wird, sollten sie auf Widerstand stoßen oder in Bedrängnis

Sie nähern sich

neugierig den Menschen,

um festzustellen, wer oder was sie sind, untersuchen Gebäude auf ihre bauliche Solidität und leben dabei in der Gewißheit, daß Mama sie schon rauspauken wird, sollten sie auf Widerstand stoßen oder in Bedrängnis geraten.

geraten. Lucy folgt ihren Sprößlingen häufig in einigem Abstand. Man bemerkt sie meist nicht und hält ihre Jungen für zwei halbwüchsige Tiere, die auf eigenen Beinen stehen, bis Lucy schließlich in Aktion tritt und jeglichen Zweifel über die Identität der Bären ausräumt. Versucht man, ihren Nachwuchs auf Distanz zu halten oder davon abzubringen, Türverschalungen abzureißen, sieht man sich plötzlich einer wild brüllenden Bärin gegenüber, die sich drohend vor ihre Jungen schiebt.

Je länger sich das Jahr hinzieht, desto nervöser und aggressiver wird Lucy. Eines Herbstes, als die Rangerstation und Brooks Camp für Besucher bereits geschlossen waren, sah sich die Parkverwaltung genötigt, Gummigeschosse zu verwenden, um Lucys Rangen von ihrem Pfad der Zerstörung abzubringen. Einige dieser Kugeln auf den Pelz gebrannt zu bekommen ist zwar schmerzhaft, aber für die Tiere ungefährlich. Nur ein Bluterguß bleibt als mittelfristige Erinnerung zurück. Doch was bei anderen Bären als vorletzte Maßnahme gut einschlug, versagte bei Lucy. Anstatt ihre Jungen fortan von der Gefahrenzone fernzuhalten, attackierte sie die Schützen. Aus Sicht der Bärin eine vertretbare Reaktion. Die betroffenen Personen waren da verständlicherweise anderer Ansicht. Wie durch ein Wunder wurde niemand verletzt. Die Episode verdeutlicht nur erneut, daß es sich bezahlt macht, die Bären zu kennen, die man ablichten will. Lucy ist sicherlich als Fotomodell denkbar ungeeignet.

Und es wird einem wieder nachdrücklich ins Gedächtnis gerufen, daß Verallgemeinerungen nicht für jedes Einzeltier gelten. Obwohl die Tiere generell bei korrektem Verhalten unsererseits eine – wenn überhaupt – nur geringe Gefahr darstellen, gibt es doch auch unter Bären Individuen, denen man besser aus dem Weg geht, genauso wie es heimtückische Menschen, bissige Hunde und trittfreudige Pferde gibt. Sowohl übersteigertes Vertrauen in die Tiere als auch unbegründete Angst können für Mensch und Bär katastrophale Folgen haben.

Der Radau vor meinem Zelt geht unvermindert weiter. Dem Krach nach kann von dem Schuppen nicht mehr viel übrig sein. Die ganzen letzten Tage hatte ich bereits Schwierigkeiten, Bären aus dem Camp herauszuhalten. Bis vor kurzem war ich nicht alleine gewesen. Ein paar andere Fotografen hatten ihr Zelt neben meinem aufgestellt. Manche Menschen sind mir in ihrer Naivität ein Rätsel. Diese Kollegen gehörten eindeutig dazu. Trotz Warnung hatten sie nichts

Besseres im Sinn, als ihre Mahlzeiten mit Frischzutaten wie Eiern, Speck und Käse zuzubereiten. Die Bären leben zwar gerade im siebten Lachshimmel, und ihr Interesse an anderen Nahrungsquellen hält sich in Grenzen. Insofern wäre gegen den geruchreichen Speiseplan ja noch wenig einzuwenden gewesen, doch wenn man zudem den Abwasch im Gebüsch erledigt anstatt im See und Reste in die Feuerstelle wirft in der Annahme, daß die Mäuse und Elstern schneller seien als die Bären, dann beschwört man Probleme herauf. Eines Morgens hatte sich die Feuerstelle in einen 80 Zentimeter tiefen Krater verwandelt. Und dies war sicherlich nicht das Werk der Nager oder Vögel. In Erwartung unerfreulicher Besuche zog ich mit meinem Zelt daraufhin um. Wenn möglich wollte ich mit dem Kauf eines neuen noch ein paar Jahre warten. Als meine Lagerkameraden schließlich wieder abreisten, ließen sie eine Regenplane, Benzin für den Kocher und den Abfall zurück. Auf letzteren hätte ich gut verzichten können. Dieser entwickelte dann binnen kurzer Zeit ein beeindruckendes Bukett. Der Geruchssinn der Bären steht dem der Hunde in nichts nach. Duftnoten, die wir nicht mehr wahrnehmen können, sind für Bären leuchtende Wegweiser. Da sogar mir der Gestank in die Nase stach, war es kaum verwunderlich, daß Bären den ganzen Tag mit erhobenem Kopf durchs Camp rannten und versuchten, dem Ursprung dieser allzu irdischen Gerüche auf die Spur zu kommen. Ich traf Vorbereitungen, den Müll zur Rangerstation zu transportieren, auch wenn es keinesfalls meiner Vorstellung von Vergnügen entspricht, mit einem Plastiksack voll Unrat durch den Wald zu marschieren. Am nächsten Morgen sollte der Transport vonstatten gehen. Offensichtlich zu spät.

Wieder ein Geräusch wie brechendes Holz. Mein Herz leistet Schwerstarbeit. Tierfotografie hat seine unvergeßlichen Momente. Dieser

Bären, in erster Linie Individuen, die unter den Tieren das Äquivalent zu Teenagern sind, zerlegen zwar gelegentlich ein paar Zelte in ihre Einzelteile, ohne dabei die Anleitungen des Herstellers zu beachten, aber sie gehen diesem Zeitvertreib tagsüber nach, wenn die Menschen abwesend sind.

gehört dazu, wenn auch nicht im positiven Sinne. Mit Unbehagen erinnere ich mich daran, gestern mittag Lucy mit neuem Nachwuchs nahe dem Camp gesehen zu haben. Schließlich, gegen zwei Uhr, läßt der Lärm nach. Schlaf stellt sich trotzdem nicht ein. Auf das Schäfchenzählen verzichte ich. Die würden sich sowieso nur in Bären verwandeln, und dann wäre ich wacher als zuvor.

Irgendwann bin ich dann doch eingenickt. Gegen acht Uhr schrecke ich hoch. Es dämmert. Der Wind raschelt in den Bäumen. Sonst ist nichts zu hören. Ich schäle mich aus meinem Schlafsack und krieche aus dem Zelt, um den Ort der Verwüstung näher zu betrachten. Wider Erwarten steht der Vorratsschuppen noch. Sogar die Tür befindet sich dort, wo sie sein soll. In Augenhöhe lächeln mich zwei riesige Prankenabdrücke an. Weitere bedecken die Rückseite des kleinen Gebäudes. Unten, in Bodennähe, hat der Bär ohne Erfolg versucht, ein paar Bretter herauszureißen. Anscheinend fehlte seinen Versuchen der unbedingte Wille hineinzugelangen. Als ich den Schuppen umrunde, stoße ich auf den Ursprung der nächtlichen Randale. Mehrere 4-Liter-Benzinkanister und einige Propangasflaschen liegen verstreut im Laub. Alle zeigen Bißspuren. Und mitten zwischen ihnen liegt die völlig zerstörte Holzkiste, in der sie zuvor untergebracht waren. Die Phantasie hat mir einen Streich gespielt. Den Müll werde ich heute trotzdem beiseite schaffen. Meine Nerven benötigen Erholung. Eine Nacht wie diese hat gereicht.

Es schneit.

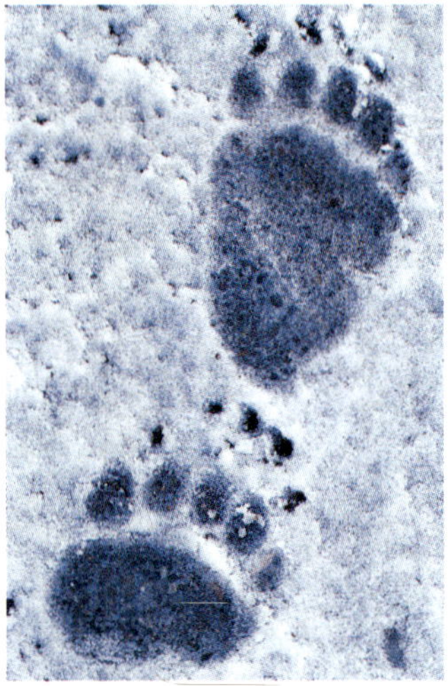

Es schneit. Schemenhaft steht der Wald als schweigende Kulisse im dichten Treiben. Entfesselte Natur, eingehüllt in völlige Stille: In der Widersprüchlichkeit der Witterung liegt ein anheimelnder Reiz. Die Flocken wirbeln im Wind, tanzen über dem gelben Riedgras, umspielen die knorrigen Stämme der Bäume und senken sich schließlich auf den hartgefrorenen Boden. Ein dünner Mantel legt sich über die kahle, verblaßte Wirklichkeit des Spätherbstes. Braunes Laub und dunkle Erde verschwinden unter einem isolierenden, makellosen Teppich. Der Winter schickt weiße Grüße aus Nordwest.

Die schwere Kameratasche auf dem Rücken und das Stativ über der Schulter, folge ich dem Brooks River flußabwärts. Eis hat sich am Ufer gebildet. Der Kalender zeigt den 21. Oktober. Die letzten Wochen waren von eisiger Kälte bis -20 °C bestimmt. Doch jetzt trägt der Wind neben dem Schnee auch gemäßigtere Temperaturen heran. Bei Bedingungen knapp unter dem Gefrierpunkt fühle ich mich, als wäre dies der Bananengürtel Alaskas. Mein Aufenthalt in diesem Teil der Welt währt eindeutig bereits zu lange. Mir wird zu warm in meiner Jacke, und ich öffne zur Ventilation den Reißverschluß.

In den letzten Tagen sind weniger und weniger Bären am Fluß unterwegs gewesen. Der Exodus der Tiere hat begonnen. Nur der harte Kern sucht weiterhin nach abgelaichten Lachsen, die vereinzelt an Land getrieben werden oder zum Grund absinken. Diese Geschenke der Strömung entbehren viel von ihrer ursprünglichen Nahrhaftigkeit. Die Lachse fasten, sobald sie ins Süßwasser gelangen. Sie leben von ihren Fettreserven. Sind diese verbraucht, beginnen sie die Muskelmasse abzubauen, bis die Tiere schließlich verenden. Vom Kaloriengehalt im Juli ist jetzt im Herbst höchstens die Hälfte noch übrig. Und geschmacklich würden sie sich auch keine Michelin-Sterne mehr verdienen.

Schemenhaft steht der Wald als schweigende Kulisse im dichten Treiben. Entfesselte Natur, eingehüllt in völlige Stille: In der Widersprüchlichkeit der Witterung liegt ein anheimelnder Reiz.

Von derartigen Feinheiten zeigen sich die Bären wenig beeindruckt. Solange der betriebene Aufwand ernährungsmathematisch ein positives Ergebnis erbringt, verschmähen sie die unansehnliche Beute nicht.

Nahe der Mündung des Brooks River in den Naknek Lake erkenne ich einen Bären im Fluß. Nur sein Kopf ist zu sehen. Auf die Entfernung könnte man ihn für ein auf Abwege geratenes Walroß halten. Das Tier richtet sich im Wasser auf, holt Luft, knickt mit dem Oberkörper ab und begibt sich auf Tauchstation. Sein gewaltiges, gutgepolstertes Hinterteil wird kurz sichtbar, dann ist der Bär verschwunden. Jeglicher Zweifel ist ausgeschlossen: Es handelt sich um Diver. Wie kein anderer Bär hat er die Unterwasserfangtechnik zur Perfektion getrieben, als wäre das feuchte Element sein natürlicher Lebensraum. Nach den Gesetzen der Physik müßte er bei seiner Masse wie ein Korken schwimmen, und Exkursionen ins Reich der Fische sollten nahezu unmöglich sein. Eine gute Technik bewirkt offensichtlich Wunder. Zehn Sekunden später erscheint Diver laut prustend erneut in meinem Blickfeld. Wiederum atmet er tief ein und unterzieht dann das Flußbett einer weiteren Inspektion. Dieser Vorgang wiederholt sich dreimal, dann durchbricht Diver die Oberfläche mit einem Lachs im Maul. Meist frißt er seinen Fang an Ort und Stelle; wie eine lebendige Boje schwebt er im tiefen Wasser, getragen vom enormen Ausmaß seines Unterleibs. Diesmal jedoch schwimmt er zurück zum Ufer, schleppt sich wenige Meter von mir entfernt halb an Land, sinkt auf seine Vordertatzen und beginnt den Fisch zu verspeisen.

Diver ist der Methusalem unter den Bären am Brooks River. Um sein Alter ranken sich Gerüchte. Im Zoo liegt der Rekord in den Tatzen eines Weibchens, das in dem für Bären biblischen Alter von 45 Jahren das Zeitliche segnete. Damit kann sich Diver sicherlich nicht messen. Wenn er dazu in der Lage wäre, würde er etwa 30 Lenze zählen. Seine besten Tage hat er

Zehn Sekunden später erscheint Diver laut prustend erneut in meinem Blickfeld.

Viele Bären suchen schwimmend nach Nahrung, aber wie kein anderer hat Diver die Unterwasserfangtechnik zur Perfektion getrieben, als wäre

das feuchte Element sein natürlicher Lebensraum.

Nur die ausdauerndsten Bären suchen weiterhin nach abgelaichten Lachsen, die vereinzelt an Land getrieben werden oder zum Grund absinken.

bereits gesehen. Vor ein paar Jahren war er noch der unbestrittene Herrscher an den Brooks Falls. Niemand wagte, ihm seine Stellung streitig zu machen. Heute geht er jeder Konfrontation aus dem Weg. In der Rangordnung ist er zurückgefallen. Doch trotz seines Autoritätsverlustes und der damit verbundenen Unfähigkeit, sich die besten Fangplätze zu sichern, hat Diver bisher sein Kampfgewicht halten können. Er ist voluminös wie eh und je, vermutlich dank seiner herausragenden Fangtechnik. Wie es scheint, hat er sich mit ihr eine Nahrungsquelle eröffnet, die anderen Bären verschlossen ist.

Trotzdem, der Zahn des Alters nagt auch an seinem Körper. Der Atem geht schwer. Arthritis plagt ihn. Landgänge meidet er. Bei seinem Ringen mit der Schwerkraft läßt er sich bereitwillig vom Auftrieb des Wassers unter die Arme greifen. Von Kopf bis Hinterfuß bekommt man ihn selten zu Gesicht. Aber selbst im Wasser ist er eine beeindruckende Erscheinung. Diver ist ein gewaltiges Tier. Über den Sommer packt er auf sein hünenhaftes Knochengerüst 150 Kilo Fett, bis er im Herbst ein Gewicht von 600 Kilo erreicht und sein riesiger Wanst fast am Boden schleift.

Einem Menschen, der sich einem Zyklus von Freßorgien und Fastenzeiten hingäbe, könnte man nur dringend dazu raten, sich in die rettenden Hände eines Ernährungsberaters zu begeben. Doch was für den einen als eine Methode zum Selbstmord gereicht, ist für den anderen zwingende Notwendigkeit fürs Überleben. Die Winterruhe der Tiere verlangt ihren Preis. Auch bereitet es einem Bären weniger gesundheitliche Probleme als dem Menschen, sich einige hundert Pfund vom Idealgewicht zu entfernen.

In der westlichen Gesellschaft, deren Schönheitsideal von spindeldürren Models bestimmt wird, rankt sich ein ganzer Industriezweig um die Ausmaße und die Verteilung von Fettpolstern. Im Unterschied zu Bären sind wir auf umfangreiche Reservedepots zum Überleben nicht angewiesen. Im Gegenteil: Der Rettungsgürtel des Mannes, das Ergebnis der Ablagerung von Fett im Unterleib, zieht eine Reihe medizinischer Probleme bis hin zum Herzinfarkt nach sich. Frauen lagern diese Energievorräte für schlechte Tage vor allem auf der Hüfte und den Oberschenkeln ab, ein Aufbewahrungsort, der der allgemeinen Gesundheit zuträglicher und mit weniger Komplikationen verbunden ist. Bären verfolgen ein ähnliches Lagerkonzept. Auch ihre eiserne Reserve befindet sich in erster Linie unter der Haut. Zum medizinischen Vorteil gesellt sich der Bonus einer mehrere Zentimeter dicken Kälteschutzschicht. Unterküh-

Vom Kaloriengehalt im Juli ist jetzt im Herbst höchstens die Hälfte noch übrig.

lung ist ein Problem, das ein ausgewachsener Bär nicht kennt. Die Tiere ziehen sich aufgrund der ungünstigen Ernährungslage zur Winterruhe zurück. Starke Minustemperaturen berühren sie höchstens peripher. Diver macht sich häufig nicht einmal die Mühe, zum Schlafen trockenen Boden aufzusuchen, und döst statt dessen am Ufer, den Kopf auf den Tatzen im Trockenen, den Bauch, die Hinterbeine und die Hüfte weiterhin in den Fluß getaucht. Der kompakte Körperbau und die dicke Fettschicht halten ihn auch bei einer Wassertemperatur von wenigen Grad über Null warm. Sein Fell hingegen trägt im nassen Zustand wenig zur Isolierung bei. Auf einem Quadratzentimeter wachsen beim Seeotter, der zum Schutz vor Unterkühlung fast vollständig auf sein Fell angewiesen ist, circa 100000 Haare. Beim Winterfell der Bären streiten sich lediglich 1500 Haare um dieselbe Fläche. Und im Sommer sind es deutlich weniger.

Der Fisch ist verputzt, und Diver gleitet mit der Eleganz eines gestrandeten Wals zurück ins Wasser, um zu sehen, ob vielleicht noch ein Dessert im Fluß treibt. Alaska weist die reichsten Lachsvorkommen unserer Erde auf. 800000 Tonnen dieser Fische werden jährlich entlang Amerikas Westküste von Kuttern an Bord gehievt. Und einige Zentner von denen, die der Mensch in seinem Element beläßt, zweigt Diver für den Eigenbedarf ab, nachdem die Lachse den Fluß hinaufgezogen sind. Im Sommer, zu Beginn der Lachswanderung, verdrückt er bis zu 30 Kilo Fisch am Tag. Inzwischen hat er seine Bedürfnisse zurückgeschraubt. Sogar sein Aufnahmevermögen besitzt Grenzen. Die Nahrungsversorgung dient momentan nur noch der Erhaltung des Gewichts. Weitere Pfunde zuzulegen ist unnötig, vermutlich sogar widersinnig. In wenigen

Wochen wird er in die umliegenden Berge ziehen, um sich an einem vor unerwartetem Tauwetter geschützten Nordhang eine kleine Höhle zu graben. Bis Mitte April wird sie sein Zuhause sein. In bezug auf diesen temporären Rückzug aus dem aktiven Leben gehört Diver zur Nachhut. Die Vorreiter beim Marsch ins winterliche Heim sind trächtige Weibchen und Bärinnen mit Jungen. Dann folgen Jungtiere, und zuletzt betten sich die dominanten Männchen zum langen Schlaf. In umgekehrter Reihenfolge erscheinen sie im Frühjahr wieder: zuerst die Männchen, zuletzt die Bärinnen mit einem neuen Wurf. Der Nahrungsmangel in diesen Randmonaten ist die treibende Kraft hinter der gestaffelten Ein- und Wiederkehr. Die Natur hält zu dieser Zeit kaum Freßbares feil, und die Konkurrenz um die spärlichen Vorkommen ist hoch. Weibchen mit Anhang warten deshalb auf bessere Zeiten, da sie andernfalls ihre Sprößlinge gefährden würden.

Der bestellte Nachtisch ist da. Diver hat nur wenige Minuten im Wasser warten müssen, bis die Strömung ihn serviert. Hungergefühle werden in mir beim Anblick des Fisches nicht geweckt. Offensichtlich hat der Lachs schon eine Weile auf dem Tablett gelegen. Ein Wunder, daß er nicht bei der geringsten Berührung auseinanderfällt. Obwohl Diver kein Feind lukullischer Hochgenüsse ist, entspricht er in seinem Freßverhalten doch eher einem wandelnden Mülleimer. Hauptsache verwertbar, lautet seine Devise.

In aller Gemütlichkeit gibt sich Diver seinen zweifelhaften Gaumenfreuden hin. Hast ist ihm unbekannt – für meine Nerven eine Wohltat. In seinem Umkreis wird die Bärenfotografie zur Erholung. Er ist das einzige dominante Männchen, das Menschen gegenüber Toleranz an den Tag legt, anstatt sie zu meiden. Manchmal schläft er nachts im Gras unweit der Zelte. Sein Schnarchen hält mich wach und andere Bären fern, eine faire Regelung, mit der ich leben kann.

Im trügerischen Glauben, daß seine Anwesenheit für mich einen gewissen Schutz bedeutet, erlahmt meine Aufmerksamkeit, und so bemerke ich den anderen

Im Vergleich zu Erdhörnchen oder Murmeltieren ist der Energieverbrauch der Bären während der verdösten Wintermonate astronomisch hoch.

Bis zu 60 Prozent ihres Lebens verbringen die Bären im Tiefschlaf, um nach der Winterruhe auszusehen, als hätten sie eine Schlankheitskur hinter sich gebracht.

Die letzte Mahlzeit muß viele Wochen zurückliegen. Eine klaffende, häßliche Wunde zieht sich von der Hüfte fast bis zur Ferse hinunter.

Bären erst, als er plötzlich am gegenüberliegenden Ufer steht. Er studiert Diver kurz. Dann bemerkt er mich und schnaubt nervös. Offensichtlich sind Menschen an seinem Erfahrungshorizont bisher selten erschienen. Bei mir läuten deutlich Alarmglocken. Irgend etwas stimmt mit diesem Tier nicht. Seine Statur ist eigenartig, sein Schädel extrem knöchern. Die Vorderbeine wirken durch das lange Fell kräftig, aber der Oberkörper ist schmal und ähnelt im Erscheinungsbild dem eines Windhundes, anstatt sich tonnenförmig nach außen zu wölben. Als sich der Bär zur Seite dreht, wird deutlich, daß er ein wandelndes Gerippe ist. Das Rückgrat wirkt wie dem Körper aufgesetzt. Jeder Wirbel ist einzeln erkennbar. Die Hüftknochen treten hervor, als ob sie jemand freigelegt hätte. Seine Schulterhöhe läßt erahnen, daß er bei blendender Gesundheit Diver an Masse in nichts nachstehen würde. Jetzt ist er ein dürrer Schatten seiner selbst. Der vormals imposante Körper besteht nur noch aus Haut und Knochen, zusammengehalten von ein paar Sehnen und dem Willen zu überleben. Die letzte Mahlzeit muß viele Wochen zurückliegen. Eine klaffende, häßliche Wunde zieht sich von der Hüfte fast bis zur Ferse hinunter. Obwohl der Heilungsprozeß bereits seit Wochen im Gange ist, hat noch immer kein Narbengewebe die Verletzung geschlossen. Zweifel über die Ursache seines katastrophalen Zustands kann nicht bestehen. In einer Auseinandersetzung mit einem Artgenossen hat er den kürzeren gezogen. Anfang September trieben einige Meilen entfernt Wind und Strömung in vereinter Arbeit einen toten Elch ans Ufer des Naknek Lake. Binnen kurzem verwandelte sich der Kadaver zu einem populären Treffpunkt für die in der weiteren Umgebung ansässigen Bären. Kämpfe zwischen den Tieren um diesen unerwarteten Festtagsschmaus waren an der Tagesordnung. Offenbar hat dieses Individuum zu den Verlierern gehört und es zudem verpaßt, sich rechtzeitig zurückzuziehen.

Meine bis dahin gelassene Gemütsverfassung weicht der Beklemmung. Die Implikationen der Situation sind leicht zu erraten. In seiner jetzigen Verfassung kann dieser Bär den Winter unmöglich überleben. Murmeltiere oder Erdhörnchen, deren Körpertemperatur im Winterschlaf bis in die Nähe des Gefrierpunktes oder gar darunter sinkt und deren Herz dann nur 1–2 % seiner sommerlichen Leistung bringt, benötigen verhältnismäßig wenig Körpervorräte, um über die kalte Jahreszeit zu kommen. Im Vergleich hierzu ist der Energieverbrauch der Bären während der verdösten Monate astronomisch hoch. Die Körpertemperatur sinkt lediglich um 3–9 Grad Celsius ab. Der Puls verlangsamt sich von rund 50 Schlägen in der Minute auf etwa zehn. Der gesamte Stoffwechsel ist zwar um die Hälfte gedrosselt, aber weit entfernt vom Beinahestillstand. Die Tiere verlieren daher bis über ein Drittel ihres Körperge-

wichts, während sie in Dauerschlaf versunken sind. Bären aufgrund dieses Umstands als vergleichsweise schlechte Winterschläfer zu bezeichnen hieße, den Nagel, anstatt ihn auf den Kopf zu treffen, gänzlich zu verfehlen. Die Entwicklung des Fötus im Mutterleib ist abhängig von einer gesteigerten Stoffwechselrate. Doch dieser höhere Grundumsatz bedeutet für das verletzte Männchen den fast sicheren Tod. Es benötigt dringend Nahrung, die so spät im Jahr nicht verfügbar ist.

Die Winterruhe ist für den Menschen physiologisch unmöglich, gleichgültig ob er abgemagert oder in der Verfassung eines Sumoringers ist. Sie birgt, bedingt durch die relativ hohe Aktivität des Kreislaufes, eine Reihe von Problemen, die wesentlich schwieriger in den Griff zu bekommen sind als allein der verstärkte Energiebedarf.

Mensch und Tier sind im steten Wandel begriffen. Muskelmasse wird ersetzt und entsprechend der Belastung auf- oder abgebaut. Knochen werden verstärkt, oder ihnen werden Mineralstoffe entzogen. Ein Lebewesen ist niemals ein fertiges Produkt, sondern unterliegt der ständigen Erneuerung und Anpassung an momentane Erfordernisse. Ein bettlägeriger Mensch leidet binnen kurzer Zeit an Muskelschwund. Aufgrund der Schwerelosigkeit werden die Knochen der Astronauten bei längeren Aufenthalten im All zerbrechlich. Bären liegen monatelang in ihren kleinen Höhlen, ohne sich zu rühren. Bis zu 60 Prozent ihres Lebens verbringen sie im Tiefschlaf, um nach der Winterruhe auszusehen, als hätten sie eine Schlankheitskur hinter sich gebracht und seien ansonsten kerngesund. Sie sind in der Lage, den Ab- und Aufbau von Muskeln und Knochen auch ohne äußere Belastung im Gleichgewicht zu halten, indem sie die Stoffwechselabfallprodukte recyceln. Wie, ist bisher unbekannt.

Diese physiologischen Glanzleistungen der Bären haben sie zu beliebten Forschungsobjekten in der Medizin gemacht. Man erhofft sich von ihnen neue Behandlungsmethoden für Krankheiten wie Osteoporose oder Nierenschäden. Und das Hormon HIT, das den Winterschlaf auslöst, könnte sich als ein Meilenstein in der Organtransplantation erweisen. Aufgrund von Gewebeverfall werden bis zu 20% der Spenderorgane untauglich, bevor sie den Operationssaal erreichen. HIT schiebt den kritischen Punkt nach hinten.

Die Popularität der Bären in der modernen Medizin ist ein Produkt der jüngsten Vergangenheit. In der fernöstlichen Heilkunde spielen die Tiere jedoch bereits seit vielen Jahrhunderten eine bedeutende Rolle mit zum Teil obskuren Begleiterscheinungen. Während der Olympischen Spiele in Seoul im Jahre 1988 ließ die koreanische Regierung dreißig lebende asiatische Schwarzbären aus Thailand einfliegen, um die Nationalmannschaft damit zu verköstigen, im Glauben, daß das Bärenfleisch die Leistungsfähigkeit der Athleten steigern würde. In Japan werden für eine Tasse Bärentatzensuppe Höchstpreise verlangt. Angeblich fördert die wäßrige Brühe das allgemeine Wohlbefinden und die Gesundheit.

Noch begehrter als die Tatzen sind die Gallenblasen der Tiere. Getrocknet und anschließend zerrieben, gelangen sie in Fernost als feines Pulver auf den Markt, wo sie für über 50 Dollar pro Gramm reißend Abnahme finden. Der florierende Handel mit Bärenteilen hat einen illegalen Industriezweig entstehen lassen. Es finden sich immer einige, die aus Profitsucht ihr Naturerbe plündern. 1985 explodierte eine aus Kanada kommende Boeing 747 der Air India und stürzte ab. 329 Passagiere wurden getötet. Im CargoRaum waren zwei Koffer verstaut, in deren Innern sich die Gallenblasen von schätzungsweise 1000 Schwarzbären befanden. In Fernost hätte diese Lieferung einen Straßenmarktwert von über einer Million Dollar besessen.

Seit eintausend Jahren ist die Bärengalle in China ein hochgeschätztes Arzneimittel. Sie war und ist noch heute vielerorts das bevorzugte »Medikament« bei der Behandlung von Unterleibsschmerzen, Blähungen und Gelbsucht, alles Symptome, die bei Erkrankungen der Leber und der Gallengänge auftreten, insbesondere bei Gallensteinen. Man ist leicht versucht, die heilende Wirkung der Bärengalle ins Reich der Fabel zu verbannen. Doch inzwischen hat sich herausgestellt, daß die alten Chinesen mit viel mehr als nur Wasser kochten. Der Gallenblasentee wirkt. Die Bärengalle enthält ein Enzym, das Gallensteine auflöst, ohne daß nennenswerte Nebenwirkungen auftreten. Das Enzym wird heute synthetisch hergestellt und vermarktet. Der Nachfrage nach Bärengallenblasen hat dies keinen Abbruch getan. Die Menschen in Fernost sprechen dem authentischen Naturprodukt eine größere Wirkkraft zu.

Die neueren medizinischen Erkenntnisse haben sich auf das Ansehen der Bären positiv ausgewirkt. Die erstaunliche Biologie dieser Tiere mag in der Lage sein, menschliches Leben zu retten oder es für Kranke zumindest lebenswerter zu gestalten. Beim Anblick des verletzten Bären gehen meine Gedanken indes andere Wege. Mitleid ob der verzweifelten Lage des Tieres wird in den Hintergrund gedrängt von der Erkenntnis, daß verzweifelte Tiere auch zu verzweifelten Taten fähig sind. In der Regel sind Bären im Herbst vollgefressen und schwanken in der Gemütsverfassung zwischen träge und verspielt. Es besteht keine Notwendigkeit, aggressiv auf Nahrungssuche zu gehen. Doch dieses Individuum befindet sich in einer Situation, die es zum Handeln zwingt. Ich habe noch nie einen Bären in einer derart erbärmlichen körperlichen Verfassung gesehen.

Das verletzte Männchen läuft langsam den Fluß hinauf und wirft mir dabei immer wieder einen Blick von der Seite zu. Mein Bestreben ist darauf ausgerichtet, Diver zwischen uns zu halten. Dieser beachtet den Neuankömmling kaum. Im Wasser hat er nichts zu befürchten. Hundert Meter flußaufwärts überquert der Bär den Brooks River. Mir wird die Angelegenheit

immer unheimlicher. Möglichst ohne den Eindruck der Flucht zu erwecken, gehe ich hinüber zu den Bäumen. Zum Hinaufklettern sind sie zu klein, aber irgendwie fühle ich mich zwischen den Stämmen sicherer. Diver sitzt weiterhin gelassen mitten im Fluß und gibt sich seiner Fischmahlzeit hin. Als das fremde Männchen kurz hinter einer Reihe Büsche verschwindet, entschließe ich mich, die Gunst des Augenblicks zu nutzen, und mache mich auf den Weg zurück ins Camp. Es wird Zeit, mein Funkgerät auf seine Tauglichkeit zu prüfen. Zum ersten Mal in all den Jahren kommt es zum Einsatz. Hoffentlich erreiche ich Lynn. Er sollte mich erst in drei Tagen abholen. Eine vorzeitige geordnete Flucht scheint mir aber in Anbetracht der Situation angebracht. Es ließe sich darüber streiten, inwieweit dieser Bär eine reale Gefahr darstellt. Das Tier ist schwer einzuschätzen, und es ist fast unmöglich vorherzusagen, wie es sich verhalten wird. Aber warum ein unnötiges Risiko eingehen? Die Situation wäre eine andere, wenn ich Gesellschaft hätte. Gegenüber einer Einzelperson verhalten sich mitunter sogar gesunde Bären aufdringlich.

Drei Stunden später höre ich ein entferntes Brummen, und kurz darauf erscheint Lynns Flugzeug am Himmel. Als ich dann am späten Nachmittag ein letztes Mal mit Lynn eine Schleife über den Fluß fliege, erkenne ich im Wasser nahe der Mündung Diver. Ohne ihn wird der Brooks River für mich nicht mehr derselbe sein. Das verletzte Männchen habe ich nie wieder gesehen und auch nie erfahren, was aus ihm geworden ist.

Bärige Fakten

Paarungszeit

Die Paarungszeit der Braunbären erstreckt sich gewöhnlich von Mai bis Anfang Juli. Gelegentlich werden einzelne Tiere auch später beim Liebesspiel beobachtet. Auf der Alaska Peninsula wird der Rekord von zwei Bären gehalten, die erst am 10. August eine Familie gründeten. Weibchen, die früh im Jahr ihre Jungen verlieren, sind oft innerhalb weniger Wochen wieder empfängnisbereit. Bei ungewöhnlich späten Paarungen liegt die Vermutung nahe, daß die Bärin kurz davor noch mit Sprößlingen durch die Region streifte.

In Bärenpopulationen sind beide Geschlechter etwa gleich stark vertreten. Da Weibchen jedoch mehrere Jahre lang ihre Jungen versorgen, ist zur Brunftzeit kaum ein Drittel der Bärinnen paarungsbereit. Die Folge dieses statistischen Ungleichgewichts ist eine hohe Konkurrenz unter den Männchen um Paarungspartner; eine Auswirkung in ihrer Evolutionsgeschichte: Dominante Männchen sind oft bis zu doppelt so groß wie die Weibchen.

Auch wenn sich die Paarungszeit über mehrere Monate erstreckt, sind die Bärinnen doch nur etwa drei Wochen brunftig. An einer Kopulation haben sie lediglich an drei bis vier Tagen, zum Höhepunkt ihres Östruszyklus, Interesse. Da die Tiere generell Einzelgänger sind und sich nur im Falle des Nahrungsüberflusses auf engem Raum zusammenfinden, ist die Partnerfindung zum richtigen Zeitpunkt schwierig. Bären, insbesondere dominante Männchen, wandern während der Paarungszeit weite Strecken durch ihr Heimatgebiet. Die Tiere vertrauen bei der Suche nach brunftigen Weibchen in erster Linie ihrem Geruchssinn. Nebenprodukte des Hormonstoffwechsels werden mit dem Urin abgegeben. Dank ihrer hervorragenden Nase sind die Männchen in der Lage, am Geruch festzustellen, ob ein Weibchen empfängnisbereit ist oder nicht. Die Nase dicht am Boden, folgen sie über Kilometer unbeirrbar einer verheißungsvollen Duftspur. Dieses intensive Interesse scheint die Weibchen zunächst zu beunruhigen. Die deutlich größeren Männchen stellen für sie eine potentielle Gefahr dar. Vielfach sieht man über Tage hinweg das ungleiche Paar in unverändertem Abstand Wiesen überqueren, Gebüsch durchstreifen und an Flüssen entlangziehen. Es kann eine Woche dauern, bis das Weibchen seine Furcht verliert und das Männchen näher heranläßt. Die Tiere grasen dann gemeinsam, spielen zusammen und schlafen nebeneinander. Nach einigen Tagen der trauten Zweisamkeit erlaubt das Weibchen schließlich die Kopulation, die in der Regel etwa 45 Minuten dauert.

Anders als beim Menschen erfolgt der Eisprung beim Bären nicht spontan, sondern wird durch den Paarungspartner ausgelöst. Ein spontaner Eisprung birgt das Risiko, daß die Eizelle abstirbt, bevor es zur Paarung kommt. Bei Herdentieren oder Tieren, die in Familienverbänden leben, ist die Gefahr gering, daß die Empfängnisbereitschaft vergeht, bevor ein Partner gefunden wird. Nicht so bei Bären, die in der Regel einen Großteil ihres Lebens isoliert von Artgenossen verbringen. Bei ihnen erfolgt der Eisprung erst nach intensiver mechanischer Stimulation. Damit ist gewährleistet, daß eine befruchtungsfähige Eizelle zum Zeitpunkt der Paarung zur Verfügung steht. Charakteristisch für Säugetiere, die einen induzierten Eisprung besitzen, sind eine lange Kopulationszeit und das sogenannte Baculum, der Penisknochen, der bei ausgewachsenen Braunbären etwas länger ist als ein Kugelschreiber und etwa doppelt so breit.

Bären haben meist mehrere Jungen, in der Regel zwei oder drei, in Ausnahmefällen sogar vier – der Rekord liegt bei sechs Jungen, allerdings ist eine solche Großfamilie so selten wie Fünflingsgeburten beim Menschen. Da es sich um mehreiige Geburten handelt und pro Eisprung nur eine Eizelle bereitsteht, sind mehrere Kopulationen notwendig, um weitere Eisprünge auszulösen und die Eizellen zu befruchten. Nach der ersten Kopulation sind die Bären daher für drei bis vier Tage unzertrennlich und paaren sich wiederholt. Dann verliert das Weibchen das Interesse und zieht sich zurück; das Männchen macht sich auf die Suche nach einer neuen Partnerin.

Eine friedliche und unkomplizierte Paarung ist auf der Alaska Peninsula eher die Ausnahme als die Regel. Entlang der Ostküste dieser langgezogenen Halbinsel leben auf zehn Quadratkilometern durchschnittlich über sieben Bären. Im Juni, zum Höhepunkt der Paarungszeit, beginnen die Bären bereits, sich an den Lachsflüssen zu versammeln. An Wasserläufen, die reichlich Fisch führen, teilen sich bis zu zehn Bären einen Quadratkilometer. Männchen sind unter diesen Bedingungen gezwungen, ihre Paarungsrechte gegen Nebenbuhler zu verteidigen. Kleinere Individuen weichen dominanten Tieren, die bis zum Ende der Paarungszeit vier, fünf oder noch mehr Weibchen begatten. In den Auseinandersetzungen um Paarungsrechte werden Bären verletzt. Tiefe Fleischwunden an Kopf, Schulter und Vorderbeinen sowie gebrochene Kiefer und zersplitterte Zähne zeugen davon, daß die Kämpfe mit bitterem Ernst geführt werden. Die hohe Bärenpopulation entlang den Lachsflüssen hat zudem zur Folge, daß sich mitunter auch Weibchen mit mehreren Männchen paaren, in erster Linie dann, wenn ein Partner von einem dominanteren Tier vertrieben wird. Aufgrund des induzierten Eisprunges können bei wechselnden Paarungspartnern des Weibchens die Jungen eines Wurfes mehrere Väter haben.

Schwangerschaft, Geburt und Aufzucht der Jungen

Nach der Paarung im Frühsommer entwickelt sich die befruchtete Keimzelle bis zum Stadium einer 1 bis 2 mm großen Blastozyste. Zur anschließenden Einnistung des Embryos in die Uteruswand kommt es jedoch nicht. Statt dessen wird die Weiterentwicklung unterbrochen, ein Phänomen, das als embryonale Diapause bezeichnet wird. Die Nidation in die Uteruswand erfolgt erst im November, nachdem sich das Weibchen zur Winterruhe in eine Höhle zurückgezogen hat. War die Bärin in der Lage, sich über den Sommer hinweg ein gutes Fettpolster anzulegen, schreitet nun die Entwicklung der Embryonen fort, und Ende Januar/Anfang Februar kommen in der Sicherheit der Höhle die Jungen zur Welt. Reichen die körperlichen Reserven des Muttertieres hingegen nicht aus, um sowohl das Weibchen als auch ihren Nachwuchs bis zum Frühjahr zu versorgen, bricht die Schwangerschaft ab.

Bären sind keineswegs die einzigen Tiere, bei denen die embryonale Diapause auftritt. Ein unterbrochener Verlauf der Schwangerschaft wurde bisher bei etwa 100 Säugetierarten nachgewiesen. Hierzu gehören zum Beispiel zahlreiche Vertreter aus der Familie der Marder einschließlich dem Vielfraß, dem Hermelin und dem Amerikanischen Marder. Und ähnliche Ruhephasen in der Entwicklung des Embryos findet man bei den Känguruhs.

Die verzögerte Einnistung der Blastozyste verhindert, daß die Braunbärjungen im Herbst, kurz vor dem Einsetzen der kalten Jahreszeit, geboren werden. Zudem wird vom Weibchen auf diese Weise nur sehr wenig in die Embryonen investiert, bis sichergestellt ist, daß der Aufwand auch Aussicht auf Erfolg hat. Im Vergleich zum Herbst birgt ein mittwinterlicher Geburtstermin klare Vorteile; als ideal kann man ihn trotzdem nicht bezeichnen. Ein späterer Termin ist aufgrund der Winterruhe jedoch ausgeschlossen. Ein fastendes Säugetier deckt den Energiebedarf in erster Linie mit den Fettreserven ab, bis diese erschöpft sind. Die Winterruhe ist, auf die Ernährung bezogen, eine ausgedehnte Fastenperiode, in deren Verlauf die Bären ebenfalls auf diese Energiequelle zurückgreifen. Der Fötus im Mutterleib eines Säugetieres ist aber nicht in der Lage, freie Fettsäuren zu verwerten. Ausreichend Nahrung für die ungeborenen Jungen kann die Bärin daher nur durch Umsetzung von Eiweiß bereitstellen, was wiederum auf Dauer das Leben der Bärin durch den sich zwangsläufig ergebenden Abbau von Muskelmasse gefährden würde. So werden die Jungen in einem Frühstadium geboren und im folgenden mit Muttermilch ernährt, die bis zu 40% Fett enthält. Die in der Milch enthaltenen Fettsäuren können die Bärenjungen nach der Geburt über die Darmschleimhaut aufnehmen und in Energie und Wachstum umsetzen.

Die Jungen sind bei der Geburt fast nackt, blind, 20–23 Zentimeter lang und wiegen 400–500 Gramm. Von allen höheren Säugetieren gebären Bären den kleinsten Nachwuchs im Verhältnis zum Körpergewicht des Muttertieres. Nach der Geburt

kriechen die Jungen selbständig zur Bauchregion der Mutter. Die Bärin hat sechs Zitzen, vier an der Brust, zwei am Bauch, die ihr neugeborener Nachwuchs aufgrund der Wärmeabstrahlung findet. In den folgenden Monaten nehmen die Jungen mehr als zwei Pfund pro Monat zu und wiegen Mitte Mai, wenn sie mit ihrer Mutter das Winterquartier verlassen, zwischen fünf und sechs Kilogramm. Bis zum Ende

ihres ersten Sommers vervielfachen sie ihr Gewicht nochmals. Den Rekord am Brooks River hält ein Bär, der Anfang Oktober im Alter von 10 Monaten 57 Kilogramm auf die Waage brachte.

In der Regel bleiben die Jungen zweieinhalb Jahre bei der Mutter. Zu Beginn ihres dritten Sommers duldet die Bärin plötzlich ihre Sprößlinge nicht mehr und treibt sie von sich. Da sie häufig einige Tage später in Begleitung eines Männchens beobachtet wird, vermutet man, daß das aggressive Verhalten der Mutter gegenüber ihren Jungen, das zur Auflösung der Familie führt, hormonal bedingt ist. Etwa 15 % der Weibchen sorgen sich noch ein drittes Jahr um die Jungen. Und vereinzelt steht der Nachwuchs sogar vier Jahre unter den Fittichen der Mutter.

Die Bärin säugt ihre Jungen mindestens zwei Jahre lang, auch wenn sich diese bereits in ihrem ersten Sommer zusätzlich von Gräsern, Kräutern und auch Fisch ernähren. Solange der Nachwuchs noch klein ist, nimmt das Stillen sechs bis acht Minuten in Anspruch. Später, wenn die Jungen älter und kräftiger sind, verringert sich die Stillzeit auf etwa wwdie Hälfte.

Geschlechtsreife und Lebenserwartung

Die Geschlechtsreife erreichen männliche Bären im jugendlichen Alter von sieben Jahren. In der Regel gehen allerdings noch einige Paarungszeiten ins Land, bevor die Tiere eine Chance erhalten, ihr genetisches Material an eine neue Generation weiterzureichen. Vom optimalen Kampfgewicht sind sie weit entfernt und ausgewachsenen Nebenbuhlern daher auch nicht gewachsen. Weibchen werden ein bis zwei Jahre früher geschlechtsreif, und einige Bärinnen werden bereits im Alter von fünf Jahren trächtig. Von Erfolg sind die ersten Versuche, eigenen Nachwuchs großzuziehen, selten gekrönt.

Ein ausgewachsener Braunbär besitzt keine natürlichen Feinde. Die Sterberate erwachsener Tiere ist niedrig und liegt bei etwa 5 %. Ungleich schlechter stehen die Überlebenschancen der Bären in den ersten Jahren nach der Geburt. Fast ein Drittel aller Jungen erlebt keinen zweiten Sommer. 10–20 % der Jährlinge verschwinden im darauffolgenden Jahr. Und 25–30 % der Jungbären, die von ihrer Mutter schließlich in die Unabhängigkeit entlassen werden, erreichen nie die Geschlechtsreife. Andere Bären und die Folgen von Unterernährung sind für die meisten Todesfälle verantwortlich. Die kritischste Phase für Jungtiere ist jeweils das Frühjahr. Nach der langen Winterruhe sind ihre körperlichen Reserven erschöpft und die der Mutter auf ein Minimum zurückgegangen. In den langen Wochen nach dem harten Winter bietet das Land kaum Nahrung, und um das wenige müssen die Jungtiere mit den dominanten Männchen konkurrieren.

In freier Wildbahn werden Bären bis zu 30 Jahre alt. In Ausnahmefällen – ein Beispiel ist »Diver« am Brooks River – erreichen sie sogar das vierte Lebensjahrzehnt. Generell betrachtet man jedoch Individuen, die mehr als zwanzig Sommer erlebt haben, bereits als betagte Senioren. In Gefangenschaft, mit der einhergehenden ärztlichen Versorgung und optimalen Verpflegung, ist die Lebenserwartung der Tiere höher. Eine im Zoo gehaltene Bärin starb erst im Alter von 45 Jahren.

Heimatgebiete und Hierarchie

Braunbären bewohnen feste Heimatgebiete. Da diese sich jedoch mit denen von Artgenossen überschneiden und in der Regel nicht gegen sie verteidigt werden, spricht man nicht von Territorien.

Bären durchstreifen weite Gebiete, um ihren Nahrungsbedarf zu decken, sie finden in verschiedenen Regionen ihres Lebensraumes zu unterschiedlichen Zeiten verwertbare Ressourcen. Eine Verteidigung derart ausgedehnter Areale ist meist unmöglich. Ist die Nahrungsressource jedoch beschränkt und überschaubar, wie z.B. ein erbeutetes Elchkalb oder eine kleine Bergwiese mit ergiebigen Beerenbüschen, erwehren sie sich vehement jeglicher Konkurrenz.

Abhängig von der Topographie und den örtlichen Nahrungsquellen variieren die Heimatgebiete der Bären in Form und Größe. Da ausgewachsene Männchen während der Paarungszeit auf der Suche nach brunftigen Weibchen weit wandern, sind ihre Heimatgebiete deutlich größer als die der Bärinnen. Auf dem Kodiak-Archipel, wo ähnliche Bedingungen wie auf der Alaska Peninsula herrschen, umfassen die Heimatgebiete ausgewachsener Männchen 133 bis 219, die der Weibchen 28 bis 92 Quadratkilometer.

Da Bären generell als Einzelgänger leben, ist die Bärengesellschaft relativ einfach strukturiert. Bärinnen mit ihren Jungen bilden familiäre Einheiten, die für zwei bis drei Jahre bestehen. Alle anderen Bindungen zwischen einzelnen Bären haben nur kurzzeitig Bestand oder sind äußerst lose. Während der Paarungszeit leben die Geschlechtspartner einige Tage oder höchstens ein paar Wochen in trauter Zweisamkeit. Manche Geschwister verbringen nach der Lösung vom Muttertier den gesamten Sommer, Herbst und Winter in loser Gemeinschaft miteinander und gehen erst im darauffolgenden Frühjahr eigene Wege.

Größe und Aggressivität eines Tieres bestimmen seine Position in der Rangordnung der Bären. Ganz oben in der Hierarchie stehen die Riesen der Bärengesellschaft, die ausgewachsenen Männchen. Eine Stufe darunter befinden sich Weibchen mit Nachwuchs, die auf Bedrohung äußerst aggressiv reagieren. Das untere Ende in der Rangordnung nehmen drei bis vier Jahre alte Jungtiere ein, die nicht mehr unter dem Schutz der Mutter stehen. Zu Kämpfen um Paarungsrechte oder die besten Nahrungsgründe kommt es meist nur zwischen Tieren gleicher Größe. Und selbst dann sind die Auseinandersetzungen gewöhnlich auf Drohgebärden beschränkt, die gelegentlich mit ein paar Prankenhieben untermauert werden. Schwere Verletzungen sind die Ausnahme. Wenn Bären in großer Zahl auf engem Raum zusammentreffen, läßt sich beobachten, daß die Hierarchie um so deutlicher zu Tage tritt, je geringer das Nahrungsvorkommen ist. Zur Hochsaison der Lachswanderung fischen mitunter Bären unterschiedlicher Größe friedlich nebeneinander.

Ernährung und Körperbau

Bären gehören in die Säugetier-Ordnung Carnivora, Raubtiere, und sind in mancher Hinsicht die ungewöhnlichsten Vertreter dieser Gruppe. Lediglich Eisbären werden dem typischen Bild eines Raubtieres gerecht, indem sie sich fast ausschließlich von der Jagd auf Robben und andere Meeressäuger ernähren. Auf dem Speiseplan aller übrigen Bärenarten spielt Fleisch oder Fisch in der Regel eine untergeordnete Rolle. Die Ernährung der meisten Braunbären besteht zu über 80 % aus pflanzlicher Kost. In der Diät der Küstenbraunbären, die sich im Sommer mit Lachsen den Magen vollschlagen, haben Pflanzen allerdings eine deutlich geringere Bedeutung. Doch auch die Bären auf der Alaska Peninsula sind im Frühjahr gezwungen, auf Blumen, Gräser und Wurzeln zurückzugreifen, da keine andere Nahrungsquelle zur Verfügung steht. Und im Herbst nach der Lachswanderung stellen sie wie Bären anderer Regionen ihre Ernährung auf Heidel-, Seifen- und Preiselbeeren sowie auf die Früchte der Schneeballschlinge um.

Generell trotzt die Ernährung der Bären jeder Verallgemeinerung, da die Tiere eine opportunistische Einstellung zum Nahrungserwerb haben. Sie nutzen jede sich bietende Ressource. Sie vertilgen Aas, vertreiben andere Raubtiere von ihrer Beute und sind trotz ihrer beeindruckenden Körpermasse fähig, Tiere zu reißen. Im Landesinneren Alaskas fallen in einigen Gebieten bis zu 40 % aller Elch- und Karibukälber eines Jahres Braunbären zum Opfer.

Aufgrund ihrer Masse und der Ernährung unterscheiden sich Bären deutlich von typischen Raubtieren wie Hunde- und Katzenartigen. Sie sind z.B. keine Zehen-, sondern Sohlengänger. Der Zehengang ermöglicht eine höhere Laufgeschwindigkeit durch eine Verlängerung der Extremitäten. Bären hingegen sind bestenfalls mittelmäßige Sprinter, auch wenn sich die Tiere mit bis zu 50 km/h fortbewegen können. Um als Langstreckenläufer Erfolg zu haben, sind sie zu schwer, und niemand würde auf den Gedanken kommen, sie als leichtfüßig zu bezeichnen. Ihre Beine sind verhältnismäßig kurz, dafür aber in der Lage, Bewegungen in viele Richtungen auszuführen. Und da sie dick mit Muskeln bepackt sind, liegt in ihnen eine enorme Kraft. Beide Eigenschaften, Beweglichkeit und Kraft, erweisen sich als erheblicher Vorteil bei der Nahrungssuche wie z.B. dem Graben nach Wurzeln. Die Tiere mögen nicht in der Lage sein, Gefahr durch Flucht zu entkommen, aber in der Regel können sie sich durch rohe Gewalt der Bedrohung erwehren.

In unser vorgefaßtes Bild von einem Raubtier scheinen Bären als vorwiegende Pflanzenfresser nicht recht zu passen. Die Vorfahren der Tiere hätten aufgrund ihrer Nahrungspräferenzen unseren Vorstellungen wesentlich besser entsprochen. Bären haben sich aus ungefähr fuchsgroßen Fleischfressern entwickelt, die vor etwa 5–10 Millionen Jahren lebten.

Im Laufe der Evolution bildeten sich jedoch zunehmend Merkmale heraus, die es den Tieren ermöglichten, verstärkt pflanzliche Nahrung zu sich zu nehmen. Im Vergleich zu spezialisierten Raubtieren besitzen Bären mehr Backenzähne, die zudem eine flache, höckrige Kaufläche aufweisen, um Gräser und Wurzeln zu zermahlen. Da es aufwendiger ist, Pflanzen zu verdauen als Fleisch, ist ihr Magen im Verhältnis zur Körpergröße länger als bei Wölfen oder

Löwen. Allerdings ist ihr Verdauungstrakt im Vergleich mit dem der Rinder und Schafe noch immer kurz und aufgrund fehlender Unterstützung durch eine entsprechende Darmflora auch nicht in der Lage, Zellulose, die Grundbausubstanz der Flora, zu verwerten.

Spezialisierte Raubtiere leben ständig zwischen den Extremen. Perioden des Nahrungsüberflusses wechseln mit Hungerphasen. Nach einer Mahlzeit können Tage vergehen, bis neue Beute erlegt ist. Viele Raubtiere ernähren sich deshalb zu einem gewissen, wenn auch meist geringen Prozentsatz von Pflanzen, insbesondere von Früchten. Die Bären haben diese ursprüngliche Zukost zu ihrer Hauptnahrung gemacht, und der Erfolg dieser Methode zeigt sich unter anderem darin, daß die heutigen Vertreter dieser Tiergruppe wesentlich größer sind als ihre Ahnen. Braunbären erreichen unter optimalen Bedingungen, wie sie auf der Alaska Peninsula oder dem Kodiak-Archipel herrschen, maximal 800 Kilogramm Gewicht. Gemeinsam mit den Eisbären sind sie die größten Landraubtiere der Erde.

Winterruhe

Im Spätherbst, bevor der Winter mit voller Macht einsetzt, ziehen sich die Braunbären zur Winterruhe zurück. In den nördlichsten Teilen ihres Verbreitungsgebietes verbringen die Tiere bis zu 60 % ihres Lebens im Tiefschlaf. Im Süden Alaskas, z.B. auf dem Kodiak-Archipel, verzichten hingegen manche Männchen in milden Wintern darauf, eine schützende Höhle aufzusuchen. Sprudelnde Vitalität legen jedoch auch sie nicht an den Tag. Vielmehr verfallen sie in extreme Lethargie und verdösen die schlimmsten Wochen in einer Mulde im Gras oder zwischen den Büschen.

Nahrungsknappheit ist der Hauptgrund für die winterliche Ruhepause der Bären. Je näher das Jahresende rückt, desto spärlicher steht gehaltvolle Kost zur Verfügung. Die bei der Nahrungssuche verbrauchten Kalorien sind schließlich nicht einmal mehr teilweise zu ersetzen. Unter diesen Umständen ist es günstiger, die körperlichen Aktivitäten auf ein Minimum zu beschränken und den Stoffwechsel auf Sparflamme zu senken, als sich weiterhin auf Nahrungssuche zu begeben. Die Tiere ziehen sich je nach Geschlecht, Familienstand und Alter zu unterschiedlichen Zeiten zur Winterruhe zurück. Trächtige Weibchen und Bärinnen mit Jungen gehören zur Vorhut. Anschließend folgen Jungtiere, dann ausgewachsene Weibchen ohne Nachwuchs, und zuletzt legen sich die dominanten Männchen zum langen Schlaf. Im Frühjahr kommen die Bären in umgekehrter Reihenfolge aus ihren Höhlen hervor. Starke Konkurrenz um knappe Ressourcen in den Randmonaten sind verantwortlich für die unterschiedlichen Verweilzeiten im Winterquartier.

Am Brooks River machen sich die letzten Bären im November auf den Weg ins winterliche Heim. Die Tiere ziehen hinauf in die umliegenden Berge und graben sich in den vor plötzlichem Tauwetter geschützten Hochlagen ihre Höhlen. Diese sind erstaunlich klein und bestehen lediglich aus einem kurzen, etwa einen Meter langen Gang und einer Kammer, die nur knapp für den Bären ausreicht. Viele dieser Höhlen stürzen im Frühjahr ein, wenn das Erdreich auftaut. Und selbst die, die das Jahr unbeschadet überstehen, werden nur in Ausnahmefällen erneut als Winterquartier verwendet. Obwohl die Bären ihrem Überwinterungsgebiet meist treu bleiben, graben sie doch in der Regel jedes Jahr eine neue Behausung für die kalte Jahreszeit.

Während der Winterruhe sinkt die Körpertemperatur der Bären um 3–9 Grad Celsius, und ihr Puls verlangsamt sich von etwa 50 Schlägen in der Minute auf knapp zehn. Ihr gesamter Stoffwechsel ist um die Hälfte gedrosselt. Trotzdem verlieren die Tiere in der Zeit ihres Dauerschlafs bis zu 30 % ihres Körpergewichts, Weibchen mit Jungen sogar bis zu 40 %. Im Vergleich zu echten Winterschläfern wie Murmeltieren oder Erdhörnchen, deren Körpertemperatur im Winter bis in die Nähe des Gefrierpunktes oder gar darunter absinkt und deren Herz dann nur 1–2 % seiner sommerlichen Leistung bringt, sind dies astronomisch hohe Werte. Diese sind aber nötig, da andernfalls eine Schwangerschaft während der Winterruhe nicht möglich wäre.

Um die hohen Gewichtsverluste im Laufe des Winters auszugleichen, sind die Bären gezwungen, sich über den Sommer und Herbst mit kalorienreicher Nahrung ein gutes Fettpolster anzufressen. Wenn sich die Bären im Spätherbst in ihre Höhlen zurückziehen, besteht ihr Körper, zieht man das Gewicht als Kriterium heran, bis zu über 50 % aus Fett.

Während der Winterruhe fressen und trinken die Bären nicht. Genausowenig entleeren sie ihre Blase oder den Darm. Sie recyceln die Abfallprodukte des Stoffwechsels fast vollständig. Auf diese Weise können sie selbst ohne äußere Belastung den Auf- und Abbau von Muskeln und Knochen im Gleichgewicht halten. Zudem wird verhindert, daß sich Stoffwechselabfallprodukte anreichern und toxische Konzentrationen erreichen. Diese physiologischen Meisterleistungen der Bären haben die Tiere in der modernen Medizin zu beliebten Forschungsobjekten werden lassen, von denen man sich neue Erkenntnisse zur Heilung von Krankheiten wie Osteoporose oder Nierenschäden erhofft.

Artzugehörigkeit

Der Braunbär, Ursus arctos, ist der am weitesten verbreitete Vertreter der Familie der Bären (Ursidae). Sein Verbreitungsgebiet erstreckt sich von abgelegenen Bergtälern in den Pyrenäen Spaniens über die Weite Rußlands bis in die einsamen Höhenzüge der Wind River Range in Wyoming in den USA. Die Gesamtpopulation umfaßt nach Schätzungen 125 000 bis 150 000 Tiere, von denen etwa 50 000 in Nordamerika leben. Insgesamt sind zehn Unterarten anerkannt. Fast alle in Kanada und in den USA – einschließlich Alaskas – lebenden Braunbären werden der Unterart Ursus arctos horribilis zugerechnet. Hierzu gehören sowohl der Grizzly als auch der sogenannte Küstenbraunbär. Als Grizzlybären bezeichnet man generell die Bären im Landesinneren und im hohen Norden des Kontinents. Die Küstenbraunbären leben auf der Alaska Peninsula und entlang der Pazifikküste von Alaska bis hinunter nach British Columbia. Aufgrund des im Vergleich zum Landesinneren milden Klimas und vor allem wegen der reichen Lachsvorkommen erreichen Küstenbraunbären Körpermaße, die die der Grizzlies deutlich übertreffen.

Eine Trennung in verschiedene Unterarten ist allerdings weder sinnvoll noch biologisch gerechtfertigt. Die Übergänge sind fließend, und eine rein geographische Trennung zu vollziehen würde dazu führen, daß Tiere in Randgebieten an manchen Tagen zu den Küstenbraunbären, an anderen zu den Grizzlies gerechnet werden müßten. Aufgrund genetischer Unterschiede werden daher lediglich die auf dem Kodiak-Archipel lebenden Braunbären als eine eigene Unterart betrachtet und unter dem wissenschaftlichen Namen Ursus arctos middendorffi geführt. Isoliert von ihren Vettern auf dem Festland, haben diese im Laufe der Generationen einige erbliche Merkmale herausgebildet, die sie als separate geographische Rasse kennzeichnen. Allerdings sind diese Unterschiede minimal. Der Schädel eines Kodiakbären ist im Durchschnitt etwas massiger und breiter als der eines Küstenbraunbären. Aber so wie es Kodiakbären gibt, die einen verhältnismäßig schmalen Kopf haben, findet man auf dem Festland auch Bären mit einem sehr rundlichen Gesicht. Die starke Ähnlichkeit in Aussehen und Lebensweise hat dazu geführt, daß noch heute in mancher Fachliteratur fälschlicherweise der Küstenbraunbär mit dem Kodiakbär gemeinsam in eine Unterart eingereiht wird, aus der man wiederum den Grizzly aussondert.

Bärensprache und einige Tips zum Verhalten im Lebensraum der Tiere

Da Bären weder Herdentiere sind, noch in Rudeln leben, ist der soziale Kontakt zwischen einzelnen Individuen relativ gering. So ist eine über das Grundlegende hinausgehende Kommunikation nicht notwendig, und die Tiere besitzen weder eine komplexe Körpersprache noch ein reiches Lautrepertoire. Mangels Bedarf haben sich im Laufe der Evolution die körperlichen Voraussetzungen hierzu nicht entwickelt. Die Gesichtsmuskulatur erlaubt kaum Mimik, die Ohren sind relativ klein und ebenso wie der stummelige Schwanz zur Signalgebung ungeeignet. Die Kommunikation der Bären verläuft daher geradlinig, überspringt häufig Zwischenschritte und ist nuancenarm. Da die Tiere, ohne lange zu zögern, auf Bedrohungen reagieren, sind sie als unberechenbar verschrien, eine Einschätzung, die jedoch ungerechtfertigt ist. Bären geben durchaus Signale, die allerdings oft nicht erkannt oder falsch verstanden werden. Unruhige Bären gähnen häufig, was irrtümlich als die Reaktion eines gelangweilten Tieres betrachtet wird. In extremen Streßsituationen hat ein Bär Schaum vor dem Maul, ein Zeichen dafür, daß er sich auf dem schmalen Grat zwischen Angriff und Flucht bewegt. Ein anderer Bär befindet sich im »magischen Zirkel« des Tieres, einer Art Privatsphäre von individueller Größe, deren Verletzung entweder den Rückzug oder die Vertreibung des Eindringlings zur Folge hat.

Wenn ihre Kommunikationsfähigkeit auch eingeschränkt ist, sind Bären doch äußerst anpassungsfähige und neugierige Tiere. Sie untersuchen ständig ihre Umwelt, ein Verhalten, das im Dienst des Nahrungserwerbs steht. Bei Versuchen in Zoos haben sich Braunbären mit neuen Gegenständen in ihren Gehegen intensiver beschäftigt als Menschenaffen. Jedes Individuum besitzt einen eigenen Charakter. Verschiedene Tiere reagieren auf Umweltreize unterschiedlich. Und je nach Gemütsverfassung kann ein Bär in ähnlichen Situationen völlig gegensätzliches Verhalten an den Tag legen.

Aufgrund der starken Individualität der Bären ist es schwierig, allgemeingültige Ratschläge für ein Verhalten gegenüber den Tieren zu erteilen. Da der Mensch den Bären in direkten Auseinandersetzungen sowohl an Schnelligkeit als auch an Kraft hoffnungslos unterlegen ist, sollte unser Verhalten im Lebensraum der Tiere darauf abzielen, unan-

genehme Begegnungen von vornherein zu vermeiden. So sollte man mit Nahrungsmitteln äußerst vorsichtig umgehen und sie immer so aufbewahren, daß ein Bär sie nicht erreicht. Keinesfalls sollte man sie im oder nahe dem Zelt verstauen. Und da überraschte und erschreckte Tiere sich manchmal durch Angriff zu verteidigen suchen, sollte man bei Märschen durch die Wildnis die Augen stets offenhalten, den Stimmen der Natur lauschen und an unübersichtlichen Stellen durch Rufen oder Reden auf sich aufmerksam machen. Bären zeigen generell kaum Interesse an Menschen und betrachten uns Zweibeiner auch nicht als mögliche Beute. Wenn man den Tieren die Möglichkeit gibt, Menschen aus dem Weg zu gehen, werden sie das tun.

Wir dürfen nie vergessen, daß wir im Lebensraum der Bären Gäste sind, und als solche sollten wir Respekt vor den Tieren zeigen. Unser Ziel muß sein, daß sie trotz unserer Anwesenheit ungestört ihrer jeweiligen Beschäftigung nachgehen oder ihres Weges ziehen können. Und die besten

Fotos entstehen dann, wenn die Bären entspannt sind und uns keine Beachtung schenken. Durch Aufdringlichkeit werden sie nur nervös und wandern ab.

Sicherheitsgarantien kann einem niemand geben. Doch die Gefahr, durch einen Bären in freier Wildbahn ernsthaft zu Schaden zu kommen, ist weitaus geringer als das Risiko, das wir alltäglich und gedankenlos im Straßenverkehr auf uns nehmen.

Das Leben der Lachse

Die klaren, sauerstoffreichen Bäche und Flüsse entlang der Pazifikküste Kanadas und Alaskas dienen fünf verschiedenen Lachsarten als Laichgründe. Im Brooks River, auf der Alaska Peninsula, treffen im Juli Blaurückenlachse (Oncorhynchus nerka) in großen Schwärmen ein. Im Herbst gesellen sich zu den Nachzüglern zudem einige Kisutch-Lachse (Oncorhynchus kisutch). Die Haut der Blaurücken- wie auch der Kisutch-Lachse ist zu Anfang von silbrigen Schuppen bedeckt.

Im Laufe der im Süßwasser verbrachten Wochen verfärben sich die Fische zusehends. Der Kopf nimmt einen grünlichen Farbton an, während vom Kiemendeckel bis zum Schwanz der Körper in tiefem Rot leuchtet. Blaurückenlachse werden 84 cm lang und 2–3,5 kg schwer. Der Kisutch ist etwas größer und erreicht eine Länge von maximal einem Meter und ein Gewicht von 5,5 kg.

Lachse sind sogenannte anadrome Fische: Sie laichen im Süßwasser, verbringen aber einen großen Teil ihres Lebens in der Weite des Ozeans. Aus dem Laich schlüpfen Jungfische, die bei Blaurückenlachsen im Alter von ein bis drei Jahren zum Meer hinabwandern. In der offenen See verbleiben die Fische zwei bis vier Jahre und kehren dann als ausgewachsene Tiere zu den Gewässern zurück, in denen sie geboren wurden, um dort den Kreislauf zu schließen und zu laichen. Mit dem Erreichen des Süßwassers fressen die Lachse nicht mehr. Bei der Wanderung die Flüsse hinauf leben die Fische ausschließlich von ihren Körperreserven. Nach der Laichzeit sind diese erschöpft, und kurz nach der Eiablage verenden die Tiere.

Die Chancen, sich jemals fortzupflanzen, stehen für einen neugeborenen Lachs schlecht. Der Laich eines Blaurückenlachses besteht aus 2000–4500 Eiern. Nur etwa zehn der aus den Eiern schlüpfenden Jungfische erreichen die Geschlechtsreife. Und nicht mehr als zwei oder drei kehren schließlich an ihren Geburtsort zurück und laichen ab.

Literatur

Alaska Geographic Society: Alaska's Bears, Alaska Geographic Volume 20, No. 4, Anchorage, AK 1993

Herrero, Steven: Bear Attacks: Their Causes and Avoidance, Lyons & Burford Publishers, New York, NY 1985

Lynch, Wayne: Bears – Monarchs of the Northern Wilderness, The Mountaineers, Seattle, WA 1993 Murie, Adolph: The Grizzlies of Mt. McKinley, University of Washington Press, Seattle, WA 1987

Rockwell, David: Giving voice to bear, Roberts Rinehart Publishers, Niwot, CO 1991

Smith, David: Backcountry Bear Basics, The Mountaineers, Seattle, WA 1997

Stirling, Ian (Con. Ed.): Bears – Majestic Creatures of the wild), Rodale Press, Emmaus, PA 1993 Walker, Tom; Aumiller Larry: River of Bears, Voyageur Press, Stillwater, MN 1993

Barnes, Victor G.: The influence of salmon availability on movements and range of brown bears on southwest Kodiak Island. Int. Conf. Bear Res. and Manage. 8:305–313, 1990

Barnes, Victor G., Jr.; Smith, Roger B.: Survival and productivity of female brown bears on Kodiak Island, Alaska. Progress Report, Kodiak Brown Bear Research and Habitat Maintenance Trust 1992

Barnes, Victor G., Jr.; Smith, Roger B.: Cub Adoption by brown bears, Ursus arctos middendorff on Kodiak Island, Alaska. Canadian Field-Naturalist 107(3):365–367, 1993

Barnes, Victor G: Brown bear-human interactions associated with deer hunting on Kodiak Island. Int. Conf. Bear Res. and Manage. 9(1):63–73, 1994

Miller, Sterling D.: Impact of increased bear hunting on survivorship of young bears. Wildl. Soc. Bull. 18:462–467, 1990

Miller, Sterling D.: Population Management of Bears in North America. Int. Conf. Bear Res. and Manage. 8:357–373, 1990 Miller, Sterling D.;

Ballard, Warren B.: Analysis of an effort to increase moose calf survivorship by increased hunting of Brown bears in south-central Alaska. Wildl. Soc. Bull. 20:445–454, 1992

Sellers, Richard A.: Dynamics of a hunted brown bear population at Black Lake, Alaska. Annual Progress Report, Alaska Department of Fish and Game, Division of Wildlife Conservation 1993

Sellers, Richard A.; Miller, Sterling D.; Smith, Tom S.; Potts, Rick: Population dynamics and habitat partitioning of a naturally regulated brown bear population on the coast of Katmai National Park. Annual Progress Report, Alaska Department of Fish and Game, Division of Wildlife Conservation 1993

Sellers, Richard A.; Aumiller, Larry D.: Brown Bear population characteristics at McNeil River, Alaska. Int. Conf. Bear Res. and Manage. 9(1):283–293, 1994

Smith Roger B.; Barnes, Victor G.; Van Daele, Lawrence J.: Brown bear-human conflicts in the Kodiak Archipelago, Alaska. Bear-People Conflicts – Proc. of a Symposium on Management Strategies, Northwest Territories Dept. of Renew. Res. 1989

Swenson, Jon: Sweden and Norway: Historic and present status of the brown bear in Scandinavia. International Bear News Vol. 3, No. 3, 1994

Van Daele, Lawrence J.; Barnes, Victor G.; Smith Roger B.: Denning characteristics of Brown Bears on Kodiak Island, Alaska. Int. Conf. Bear Res. and Manage. 8:257–267, 1990

Dank

Im Laufe der letzten fünf Jahre habe ich viele Monate auf der Alaska Peninsula und am Brooks River verbracht, um die in diesem Buch veröffentlichten Aufnahmen zu machen und die in die Texte eingegangenen Erfahrungen zu sammeln. Ich hatte das Glück, in dieser Zeit viele Freunde in der Region zu gewinnen, die mich mit Wort und Tat unterstützten und ohne die mancher Aufenthalt unmöglich gewesen wäre.

Zu ganz besonderem Dank verpflichtet bin ich Calvin und Pam Riddle aus Naknek. Ihr Haus stand mir stets offen, und sie haben keine Mühen gescheut, mir zu helfen. Ohne Anita Maas in Naknek hätte eine schwere Erkältung alle Pläne im Spätherbst 1996 vereitelt. Und Lynn Shawback aus King Salmon erwies sich auch unter schwierigen Bedingungen als sicherer und zuverlässiger Pilot.

Bei manchen Vorhaben war ich auf die Mithilfe anderer Fotografen angewiesen. So haben Russ Gutshall und Theo Allofs bereitwillig bei den Vorbereitungen zu den Unterwasseraufnahmen Hand angelegt. Der Unterstützung Michelle Ways ist es zu verdanken, daß die Aufnahmen der neugeborenen Bärenjungen auf der Olympic Game Farm entstanden sind.

Manches Wissen kann man sich anlesen, aber ein tiefes Verständnis für Bären setzt voraus, daß man sich hinaus in die Wildnis begibt und persönliche Erfahrungen sammelt. Dabei ist es von unschätzbarem Wert, wenn man die Möglichkeit hat, die gewonnenen Eindrücke und Schlußfolgerungen mit Biologen zu diskutieren, die sich seit vielen Jahren beruflich mit den Tieren auseinandersetzen. Und so hat mein Wissen über Bären in großem Maße von langen Gesprächen mit Larry Aumiller, Richard Sellers und John Westlund profitiert, die sich immer wieder Zeit genommen haben, meine Fragen geduldig zu beantworten.

Für unermüdliches Korrekturlesen und konstruktive Kritik am Manuskript in seinen verschiedenen Entstehungsphasen gebührt meinem Vater Reinhard Breiter besonderer Dank.

Seit der ersten Ausgabe dieses Buches ist die Liste der Leute, denen mein Dank gilt, noch länger geworden: Ohne die Unterstützung von John Rogers und Chuck Keim wären meine ausgedehnten Aufenthalte an der Katmai-Küste unmöglich gewesen. Tony Lara bot mir stets unbezahlbare Hilfe und Freundschaft in und um Kodiak an. Dean Andrew, Willy Fulton und Rolan Ruoss haben mich oft und durch jedes Wetter zu den Bären gebracht. Robert Ponté hat meinen Wohnwagen zuverlässig am Laufen gehalten. Missy Epping und Jim Gabin brachten mich von einem Fotoshooting in Brooks Camp rechtzeitig zur Geburt meiner Tochter nach Hause.

Ganz besonders danke ich meiner Frau Laurel Snyder, die eine unerschöpfliche Quelle von Ermutigung und Geduld ist, selbst dann, wenn ich wieder einmal zu einer längeren Reise zu den Bären aufbreche. Nicht zuletzt bin ich meinen Töchtern Aislyn und Kiri Anne dankbar. Aislyn hat mich durch ihre frühe Ankunft aus Katmai nach Hause gerufen, bevor das Wetter zu schlecht wurde.

Beide haben mich während der langen Stunden, in denen ich mein Buch überarbeitet habe, mit ihrem Lachen und ihrer fröhlichen Stimmung unterstützt.

Matthias Breiter, Kenora, Ontario, Februar 2007

Über die Bilder

Alle Bärenaufnahmen zeigen Tiere, die im Katmai National Park in Alaska leben, mit folgenden Ausnahmen: Die auf den Seiten 36–38, 39 oben abgebildeten neugeborenen Bärenjungen und die Bilder auf den Seiten 91 rechts und 92 links, die einen Bären mit aufgerissenem Maul zeigen wurden im Olympic National Park in Sequim, WA, aufgenommen. Die Fotografien einer Bärin auf den Seiten 70–73, die ihre Jungen säugt, entstanden im McNeil River State Game Sanctuary, an der Nordgrenze des Katmai National Parks.

Die Deutsche Bibliothek verzeichnet diese Publikation in der Deutschen Nationalbibliografie; detaillierte bibliografische Daten sind im Internet über http://dnd.ddb.de abrufbar.

www.frederking-thaler.de

Einbandgestaltung: Dorkenwald Grafik-Design & Artwork, München
Layout: Network! Werbeagentur, München, und Matthias Breiter
Art Direction: Ilja Sallacz
Karte: Margaret Prietzsch, München
Herstellung und Satz: Büro Sieveking, München
Reproduktion: media one Werbeproduktionen GmbH, München und Lorenz & Zeller, Inning am Ammersee
Druck und Bindung: Graficas Estella

Printed in Spain

ISBN 978-3-89405-545-5